序

　　AI 人工智慧時代來臨，需選用正確工具，才能迎向新的機會與挑戰。筆者從事 AI 人工智慧稽核相關工作多年，JCAATs 為 AI 語言 Python 所開發的新一代稽核軟體，可同時於 PC 或 MAC 環境執行，除具備傳統電腦輔助稽核工具 (CAATs)的數據分析功能外，更包含許多人工智慧功能，如文字探勘、機器學習、資料爬蟲等，讓稽核分析可以更加智慧化。

　　透過 AI 稽核軟體 JCAATs，可分析大量資料，其開放式資料架構，可與多種資料庫、雲端資料源、不同檔案類型介接，讓稽核資料收集與融合更方便快速，繁體中文與視覺化使用者介面，不熟悉 Python 語言稽核人員也可以透過介面簡易操作，輕鬆快速產出 Python 稽核程式，並可與廣大免費之開源 Python 程式資源整合，讓您的稽核程式具備擴充性和開放性，不再被少數軟體所限制。

　　SAP 是目前企業使用最普遍的 ERP 系統，其由 R3 版到目前最新版的 HANA 版，數以萬計的 Table 不容易熟悉與了解，致查核人員對 SAP 常有「不知從何開始查核的疑慮」。Jacksoft AI 稽核學院準備一系列 SAP ERP 電腦稽核實務課程，透過最新的人工智慧稽核技術與實務演練教學方式，可有效協助廣大使用 SAP ERP 系統的企業，善用資料分析與智能稽核，快速掌握風險，提升價值。

　　本教材以銷售資料分析性複核實例演練重點，分析性程序為公認之標準查核程序，資訊科技日新月異，稽核環境及專業品質的要求漸增，透過 AI 電腦稽核輔助技術可以協助稽核人員有效進行查核。此教材經 ICAEA 國際電腦稽核教育協會認證並檢附完整實例練習資料，由具備國際專業的稽核實務顧問群精心編撰並可透過申請取得 AI 稽核軟體 JCAATs 教育版，帶領您體驗如何利用 AI 稽核軟體 JCAATs 快速對 SAP ERP 內的大數據資料進行分析與查核，快速找出異常掌握風險，歡迎會計師、稽核、財會、管理階層、大專院校師生及對智能稽核有興趣深入了解者，共同學習與交流。

JACKSOFT 傑克商業自動化股份有限公司

黃秀鳳總經理

2023/06/06

電腦稽核專業人員十誡

　　ICAEA 所訂的電腦稽核專業人員的倫理規範與實務守則，以實務應用與簡易了解為準則，一般又稱為『電腦稽核專業人員十誡』。 其十項實務原則說明如下：

1. 願意承擔自己的電腦稽核工作的全部責任。

2. 對專業工作上所獲得的任何機密資訊應要確保其隱私與保密。

3. 對進行中或未來即將進行的電腦稽核工作應要確保自己具備有足夠的專業資格。

4. 對進行中或未來即將進行的電腦稽核工作應要確保自己使用專業適當的方法在進行。

5. 對所開發完成或修改的電腦稽核程式應要盡可能的符合最高的專業開發標準。

6. 應要確保自己專業判斷的完整性和獨立性。

7. 禁止進行或協助任何貪腐、賄賂或其他不正當財務欺騙性行為。

8. 應積極參與終身學習來發展自己的電腦稽核專業能力。

9. 應協助相關稽核小組成員的電腦稽核專業發展，以使整個團隊可以產生更佳的稽核效果與效率。

10. 應對社會大眾宣揚電腦稽核專業的價值與對公眾的利益。

目錄

電腦稽核實務個案演練
運用AI人工智慧協助SAP ERP
銷售資料分析性複核實例演練

Copyright © 2023 JACKSOFT.

傑克商業自動化股份有限公司

JACKSOFT為經濟部能量登錄電腦稽核與GRC(治理、風險管理與法規遵循)專業輔導機構，服務品質有保障

國際電腦稽核教育協會
認證課程

JCAATs-AI Audit Software

Copyright © 2023 JACKSOFT.

分析性程序之數位應用

- 美國審計準則公報SAS No.56, AU 329.04分析性程序是一項標準查核程序。

- 企業環境日趨複雜，電腦科技日新月異，審計環境及專業品質的要求漸增，分析性複核已成為一具有相當潛能的審計技術。

- 應用電腦稽核輔助軟體(CAATs)可幫助審計人員採用更複雜的分析性技術。

《內部審計具體準則第15號-分析性覆核》

《內部審計具體準則第15號-分析性覆核》		
首次生效時間	2004年5月1日	最新修訂時間

本準則由中國內部審計協會發布。

審計準則公報第五十號

「分析性程序」

內容簡介

1. 本公報係參考國際審計準則第520號 (ISA 520) 之相關規定訂定。
2. 本公報主要係訂定查核人員採用分析性程序作為證實程序（此時稱為證實分析性程序）及查核人員於查核工作即將結束前執行分析性程序時所應遵循之準則，內容包括六節共二十八條條文及附錄。

同時有這2個指標，做假帳機率高達9成！知名會計師：6 個假帳在財報上常見特徵

撰文者：張◯輝

商周讀書會 | 2019.07.30

你將收穫？

假帳在財報上常見的6個特徵：

1. 過高的應收帳款天數
2. 過低的存貨天數
3. 過高的不動產、廠房及設備
4. 過高的長期投資
5. 過高的現金
6. 過高的雜項資產

精選金句

■如果一家公司與同業相較，同時有「應收帳款天數過高」與「存貨天數過低」這兩個指標，做假帳的機率高達9成。

精華書摘

資本市場是一個創造財富與財富重分配的市場。有人辛辛苦苦經營企業有成後將公司上市，享受股價上漲帶來的財富增加利益，也有人因為勤於分析總體經濟與產業走向而投資有成、賺大錢；另一方面，卻也有人因為經營不善或看錯股市走向而虧大錢。

資料來源:張明輝，商業週刊，2019/06/20，https://www.businessweekly.com.tw/business/blog/26457   3

加強應收帳款內部控制的方法與對策

方法	對策
事前控制	1.對賒銷客戶進行充分的信用能力調查 2.制定合理的信用評估系統 (1)科學合理的信用標準。 (2)風險可控的信用期限 (3)切實可行的授信模型。 3.加強銷售合同的審查 4.明確應收帳款相關崗位職責權限 5.選擇合理的結算方式 6.制定合理的獎懲政策

參考資料來源:https://kknews.cc/career/nbxko3g.html

4

加強應收帳款內部控制的方法與對策

方法	對策
事中控制	1.銷售階段的控制:對客戶的資信狀況進行充分調查 2.建立回款保障機制: (1)收款支持 (2)把握客戶的庫存動態,控制發貨量 3.完善應收數據的交接制度 4.加強對銷售人員的監管 5.加強部門聯繫,實現信息共享
事後控制	1.警示應收帳款帳齡超期 2.分析客戶回款信用 3.完善應收帳款催收制度 4.建立合理的壞帳準備制度

參考資料來源:https://kknews.cc/career/nbxko3g.html

5

成功的企業風險管理特徵

數據驅動
Driven by data.

高效
Highly efficient.

動態
Dynamic.

內容相關
Contextual.

連續
Continuous.

ERM

前瞻性
Forward-looking.

全面
Comprehensive.

協作
Collaborative.

資料來源: https://www.wegalvanize.com/assets/ebook-7-steps-performance-enhancing-erm.pdf?mkt_tok=NDk3LVJYRS0wMjkAAAF8_QqMmBDzOnU6lkn-lue3HMw67IYaoHvD6gaAm7-fr4ZqSwv3ITJnQ5V9FcL75SU9K2P3l1e-JaLMPrVwLfDwg53p1js8vlPSgBIERVQHLgM

6

稽核人員的使用工具的變革

1980 前　　　算盤
1980~1990　　計算機
1990~2000　　試算表(Excel)或會計資訊系統
2000~2005　　管理資訊系統(MIS)與企業資源規劃(ERP)系統
2005~2010　　電腦稽核系統 (CAATs)
2010~2015　　持續性稽核系統、內控自評系統與年度稽核計畫系統
2015~2018　　雲端審計與風險與法遵管理系統(GRC)
2018~　　　　AI人工智慧、雲端大數據與法遵科技
2022~　　　　AI文字探勘

紙本資料 ➔ 數據結構資料 ➔ 文字非結構化資料

7

Audit Data Analytic Activities

ICAEA 2022 Computer Auditing: The Forward Survey

Total 117 participates from 16 countries.

Tool	Percentage
Excel	84%
ACL	44%
JCAATs	31%
Python	24%
IDEA	10%
TeamMate Analytics	7%
R	7%
SQL	7%
BI tools	4
SAS	3
ARBUTUS	1

More than 35% use 2 or more tools
26% only use Excel
19% only use ACL
14% not use CAATs
JCAATs and Python are quickly becoming more popular.

8

結合數位轉型技術的資料分析趨勢

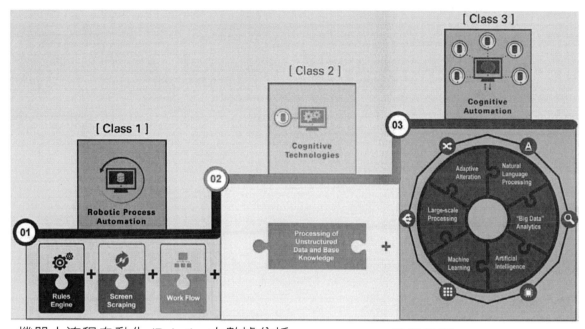

機器人流程自動化 (Robotic Process Automation, RPA)

大數據分析 (Big Data Analytics)
視覺化分析 (Visual Analytics)

機器學習(Machine Learning)
自然語言處理(NLP)
人工智慧(A.I)

9

電子發票與大數據資料分析

近5年成長1.3倍 去年電子發票消費額8.1兆

工商時報 傅沁怡 2023.03.23

為落實永續環境、節能減碳目標，政府近年積極推動電子發票。圖／本報資料照片

為落實永續環境、節能減碳目標，政府近年積極推動電子發票。依據消費通路電子發票資料，2022年全國開立81.1億張電子發票，電子發票消費金額達新台幣8.1兆元，前者近五年成長20.3%，後者更是長1.3倍。

財政部指出，觀察各縣市電子發票開立張數，2022年以台北市19.6億張（占24.1%）居首，新北市及台中市分以13.3億張（占16.4%）及 9.5億張（占11.7%）分居第二、三名，六都合計共63.6億張，占比近8成。

全民稽核時代來臨....

參考資料來源:工商時報 傅沁怡 2023.03.23 https://ctee.com.tw/news/policy/830860.html 10

傳統稽核方式只能找到冰山一角

> 如何事先偵測冰山下的風險?
> AI人工智慧新稽核時代來臨,
> 透過預測性稽核才能有效
> 協助組織提升風險評估能力

AI智慧化稽核流程

萃取前後資料

目標 >準則>風險

>頻率>資料需求

彈性 規劃

智能 判讀

警示利害關係人

連接不同
資料來源

利用CAATs自動化排除操作性的瓶頸
利用機器學習 智能判斷預測風險

缺失偵測　　　　威脅偵查

電腦輔助稽核技術(CAATs)

- **稽核人員角度**所設計的通用稽核軟體，有別於以資訊或統計背景所開發的軟體，以資料為基礎的Critical Thinking(批判式思考)，**強調分析方法論**而非僅工具使用技巧。

- 適用不同來源與各種資料格式之檔案匯入或系統資料庫連結，其特色是強調有科學依據的抽樣、資料勾稽與比對、檔案合併、日期計算、資料轉換與分析，**快速協助找出異常**。

- 由傳統大數據分析 往 **AI人工智慧智能分析發展**。

C++語言開發
付費軟體
Diligent Ltd.

以VB語言開發
付費軟體
CaseWare Ltd.

以Python語言開發
免費軟體
美國楊百翰大學

JCAATs-
AI稽核軟體
--Python Based

13

AI時代的稽核分析工具

Structured Data Unstructured Data

An
Enterprise

New Audit Data Analytic =

Data Analytic + Text Analytic + Machine Learning

Source: ICAEA 2021

Data Fusion: 需要可以快速融合異質性資料提升資料品質與可信度的能力。

14

JCAATs 1.0 : 2017 London, UK

15

JCAATs 3.1- 超過百家使用口碑肯定

提供繁體中文與視覺化使用者介面，更多的人工智慧功能、更多的文字分析功能、更強的圖形分析顯示功能。目前JCAATs 可以讀入 ACL專案顯示在系統畫面上，進行相關稽核分析，使用最新的JACL 語言來執行，亦可以將專案存入ACL，讓原本ACL 使用這些資料表來進行稽核分析。

16

AI Audit Software
人工智慧新稽核

　　JCAATs為 AI 語言 Python 所開發新一代稽核軟體，遵循AICPA稽核資料標準，具備傳統電腦輔助稽核工具(CAATs)的**數據分析功能**外，更包含許多人工智慧功能，如**文字探勘**、**機器學習**、**資料爬蟲**等，讓稽核分析更加智慧化，**提升稽核洞察力。**

　　JCAATs功能強大且易於操作，可分析大量資料，**開放式資料架構**，可與**多種資料庫、雲端資料源、不同檔案類型**及 **ACL 軟體介接**，讓稽核資料收集與融合更方便與快速。**繁體中文與視覺化使用者介面**，不熟悉 Python 語言的稽核或法遵人員也可透過**介面簡易操作**，輕鬆產出 Python 稽核程式，並可與廣大免費之開源 Python 程式資源整合，讓**稽核程式具備擴充性和開放性**，不再被少數軟體所限制。

17

JCAATs 人工智慧新稽核

世界第一套可同時
於Mac與PC執行之通用稽核軟體

繁體中文與視覺化的使用者介面

Modern Tools for Modern Time

18

國際電腦稽核教育協會線上學習資源

https://www.icaea.net/English/Training/CAATs_Courses_Free_JCAATs.php

19

AICPA美國會計師公會稽核資料標準

資料來源:https://us.aicpa.org/interestareas/frc/assuranceadvisoryservices/auditdatastandards

20

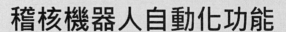

JCAATs特點--智慧化海量資料融合

- JCAATS 具備有人工智慧自動偵測資料檔案編碼的能力，讓你可以輕鬆地匯入不同語言的檔案，而不再為電腦技術性編碼問題而煩惱。

- 除傳統資料類型檔案外，JCAATS可以**整批匯入**雲端時代常見的PDF、ODS、JSON、XML等檔類型資料，並可以輕鬆和 ACL 軟體交互分享資料。

JCAATs特點--人工智慧文字探勘功能

- 提供可以自訂專業字典、停用詞與情緒詞的功能，讓您可以依不同的查核目標來自訂詞庫組，增加分析的準確性，**快速又方便的達到文字智能探勘稽核的目標。**

- 包含多種文字探勘模式如**關鍵字、文字雲、情緒分析、模糊重複、模糊比對**等，透過文字斷詞技術、文字接近度、TF-IDF 技術，可對多種不同語言進行文本探勘。

AI人工智慧新稽核生態系

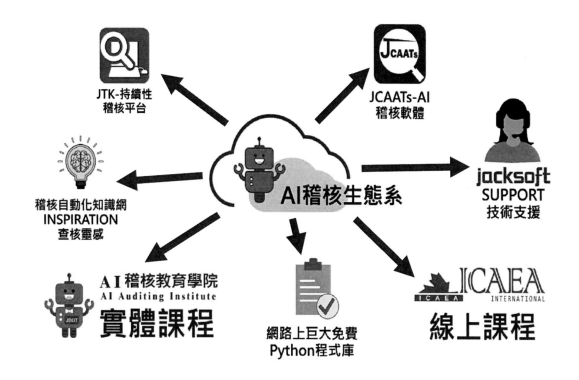

使用Python-Based軟體優點

- 運作快速
- 簡單易學
- 開源免費
- 巨大免費程式庫
- 眾多學習資源
- 具備擴充性
- 許多人才

Python

- 是一種廣泛使用的直譯式、進階和通用的程式語言。Python支援多種程式設計範式，包括函數式、指令式、結構化、物件導向和反射式程式。它擁有動態型別系統和垃圾回收功能，能夠自動管理記憶體使用，並且其本身擁有一個巨大而廣泛的標準庫。

- Python 語言由Python 軟體基金會
(Python Software Foundation) 所開發與維護，使用OSI-approved open source license 開放程式碼授權，因此可以免費使用

- https://www.python.org/

27

能夠提升稽核價值的技術包括：

1. 數據分析與AI人工智慧

2. 行動化審計工具應用

3. 持續審計/監控

4. 即時，自動化，與確信相關的報告。

參考資料來源: Galvanize, Death of the tick mark

28

查核案例：假銷貨與業績灌水?

斥資四十三億元補救蘭奇留下的爛攤子

王○堂鐵腕整頓宏○稽核系統

撰文／黃秋昌出處／今周刊 755期 2011/6/8

- 半年之內，宏○發出第三次業績警訊。這一次是為了歐洲通路庫存而提列高達四十
三億元的應收帳款損失。重掌權力決策的王○堂，如何重整內部稽核制度、再度擦
亮宏○招牌？

宏○整個公司的授權
被個別切開，欠缺總
人便可從中操弄，月

博○事件的過程

一：業績灌水／應收帳遽增以利募資

88年上市 ⟹ 89年 應收帳款-16.79億 ⟹ 90年 應收帳款-34.59億 發行35億元（公司債） ⟷ 92年 應收帳款42億 發行5000萬美元 （海外可轉換公司債）

90年~93年 應收帳款皆超過30億 （業績卻不斷下滑）

（博○應收帳暴增年度，公司都有鉅額募資行動）

勁○10億假買賣 須改為銷貨退回

工商時報 ／彭暄貽／台北報導

勁○（61XX）涉嫌與子公司進行假交易，包括證交所、檢調單位均列為追查對象，勁○董事長呂○月3/16日應證交所要求，親自出席重大訊息說明記者會，會中，呂○月坦承已遭限制出境，而勁○先前未申報與子公司間的關係人交易，也確實存有財務作業疏失……[詳全文]

查核實務探討：

如何運用AI稽核軟體
進行銷售資料分析專案服務

31

AI稽核專案六步驟

> 可透過JCAATs AI稽核軟體，有效完成專案，包含以下六個階段：

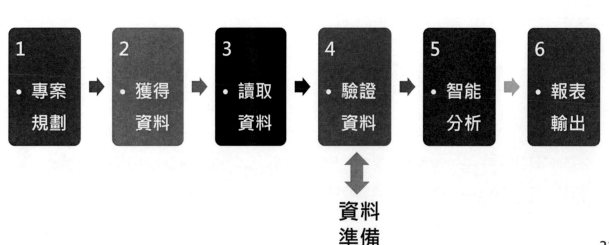

32

實務個案演練

- 歐債危機，全球經濟蕭條，公司營運出現問題
- 總經理苦思如何改善獲利能力讓公司渡過危機

大環境惡化 工總：經濟成長難保2%

新頭殼／新頭殼newtalk-2012年08月07日 下午16:45

字級： 小 中 大 特 | 列印 | 轉寄 | 分享

新頭殼newtalk 2012.08.07 謝○烜/台北報導

經濟環境持續惡化，景氣連續8個月藍燈，出口也持續衰退了4個月。面對如此艱困的產業環境，全國工業總會今(7)日發表了「2012工總白皮書」，工總理事長許○雄表示，台灣目前的經濟成長率，政府想要保2％難度相當高。

◀ 1/1 ▶　　　點選放大

面對歐債危機、美國經濟復甦狀況不明，新興國家成長減緩，以及韓國與多國的FTA簽署，皆對台灣經濟與產業環境產生重大衝擊。工業總會提出了2012工總白皮書，希望能促使政府有積極的作為。

個案情境說明

- 總經理指派你專案協助，希望**找出哪些客戶收款有問題**以及**找出相關負責銷售的人員**
- 經查2011年帳載**應收帳款餘額**：$ 5,462,164,102.37

  備抵呆帳提列：$ 5,402,903,885.33

個案情境說明

經了解公司備抵呆帳提列政策如下：

帳齡 (Age in Days)	呆帳提列率% (Provision Taken)
0-30	0%
31-45	5%
46-60	10%
61-90	25%
91-180	50%
181+	100%

35

---

1. 專案規劃

查核項目	銷售作業分析性覆核	存放檔名	備抵呆帳查核
查核目標	分析公司應收帳款備抵呆帳提列情況，針對客戶及銷售人員做進一步深入分析。		
查核說明	對尚未完全收款的賒銷交易，查核與驗證備抵呆帳的提列正確性，找出哪些客戶收款有問題以及找出相關負責銷售的人員。		
查核程式	(1)驗證備抵呆帳的提列是否正確 (2)計算每位顧客的平均備抵呆帳率 (3)找出以下重大異常之客戶: 　✓確認哪些客戶的備抵呆帳率高於25% 　✓確認哪些客戶的備抵呆帳提列金額高過備抵呆帳提列總金額5% (4)找出哪些銷售人員造成10%備抵呆帳提列總金額		
資料檔案	BSAD、VBAK		
所需欄位	訂單編號、發票號碼、客戶編號、收款金額、發票金額、發票號碼、付款方式、建立日期、銷售人員、建立時間...		

36

2. 獲得資料

- 稽核部門可以寄發稽核通知單，通知受查單位準備之資料及格式。

- 檔案資料(以SAP查核為例)：
  ☑ BSAD.csv(應收帳款明細檔)
  ☑ VBAK.csv(銷售訂單主檔)

稽核通知單

受文者	Mowza網路零售公司	資訊室
主旨	為進行公司銷售及收款循環例行性查核工作，請 貴單位提供相關檔案資料以利查核工作之進行。所需資訊如下說明。	
說明		
一、	本單位擬於民國XX年XX月XX日開始進行為期X天之例行性查核，為使查核工作順利進行，謹請在XX月XX日前 惠予提供XXXX年XX月XX日至XXXX年XX月XX日之應收帳款與銷售訂單明細檔案資料，如附件。	
二、	依年度稽核計畫辦理。	
三、	後附資料之提供，若擷取時有任何不甚明瞭之處，敬祈隨時與稽核人員聯絡。	
請提供檔案明細：		
一、	應收帳款明細檔與銷售訂單主檔請提供包含欄位名稱且以逗號分隔的文字檔，並提供相關檔案格式說明(請詳附件)	
稽核人員：Vivian		稽核主管：Sherry 37

稽核資料倉儲與電腦輔助稽核工具結合

應收帳款明細檔欄位與型態(BSAD)

開始欄位	長度	欄位名稱	意義	型態	備註
1	24	AUFNR	訂單編號	C	
25	16	BUDAT	發票日期	D	YYYY/MM/DD
41	20	KUNNR	客戶編號	C	
61	7	PYAMT	收款金額	N	2
68	11	WRBTR	發票金額	N	2
79	20	BELNR	發票號碼	C	
99	6	ZLSCH	付款方式	C	

※在2011年有86,512筆賒銷交易，控制總數如下：
發票金額:　　　$ 5,496,620,985.13
收款金額:　　　$　　34,456,882.76
應收帳款餘額: $ 5,462,164,102.37
備抵呆帳提列: $ 5,402,903,885.33

銷售訂單主檔欄位與型態(VBAK)

開始欄位	長度	欄位名稱	意義	型態	備註
1	24	AUFNR	訂單編號	C	
25	16	ERDAT	建立日期	D	YYYY/MM/DD
41	24	ERNAM	銷售人員	C	
65	20	KUNNR	客戶編號	C	
85	12	ERZET	建立時間	C	
97	16	ANGDT	報價生效日	D	YYYY/MM/DD

※資料範圍為2010/7/1 ~ 2011/12/31，有128,569筆銷售訂單資料

3. 資料匯入與欄位定義-應收帳款明細檔

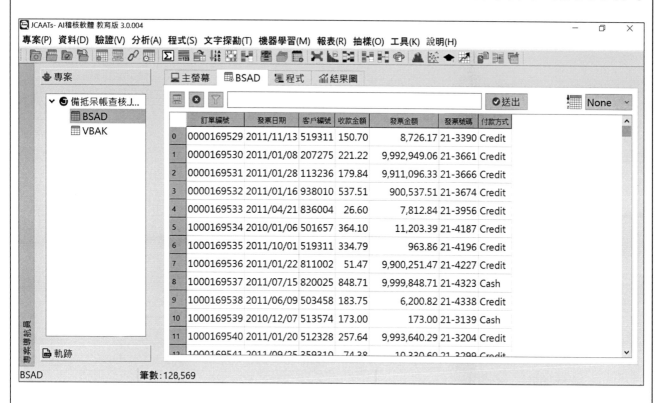

共128,569筆資料

41

3.資料匯入與欄位定義-銷售訂單主檔

共128,569筆資料

42

資料驗證指令彙總

To Check	Use	To Ensure
有效性	驗證VERIFY	Data and Table are valid
控制總數	計數COUNT	Record counts, numeric fields agree to control totals
	總和TOTAL	
	統計STATISTICS	
資料區間	統計STATISTICS	Dates within bounds
	.between()	Filter data within bounds
跳號或資料缺漏	缺漏GAPS	Data is not missing
	.isna()	Test for blanks where data is expected
重複	重複DUPLICATES	Unique transactions
資料正確性	運算欄位Computed Fields	Valid processing
資料合理性	多個指令Various Commands	Data meets expectations
資料一致性	多個指令Various Commands	Data is consistent

43

---

4. 驗證：確認完整性-驗證Verify

- 開啟BSAD (應收帳款明細檔)
- 驗證→驗證
- 選取確認所有的欄位完整性
- 「輸出設定」選擇「螢幕」
- 點選"確定"完成

**進行資料缺漏以及
正確的欄位定義的測試**

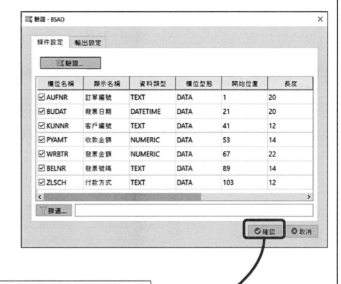

```
JACL >>BSAD.VERIFY(KEY=["AUFNR","BUDAT","KUNNR","PYAMT","WRBTR","BELNR","ZLSCH"],
MAXIMUM=10, TO="")
Table : BSAD
Note: 2022/11/01 15:41:43
Result - 筆數：1
```

Table_Name	Field_Name	Validity_Type	Record_No.	Value
BSAD				0 data validity errors detected

44

確認正確性-計數Count

- 驗證→計數
- 點選"確定"完成

測試表單中只有所需的資料

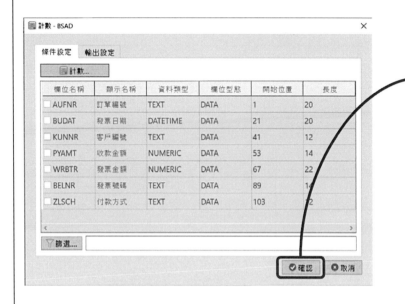

JACL >> BSAD.COUNT()
Table : BSAD
Note: 2022/11/01 15:50:51
Result - 筆數 : 1

Table_Name	Count
BSAD	128569

筆數的合計數大於資訊部門所提供的筆數(128,569> 86,512)，需進一步調查其原因。

45

確認正確性-統計Statistics

- 驗證→統計
- 選取發票資料的欄位(WRBTR、BUDAT)進行資料統計
- 「輸出設定」選擇「螢幕」
- 點選"確定"完成

BSAD	WRBTR	NUMERIC	Count	128,569.00
BSAD	WRBTR	NUMERIC	Total	6,190,694,734.20
BSAD	WRBTR	NUMERIC	Abs. Value	6,190,694,734.20
BSAD	WRBTR	NUMERIC	Minimum	0.21
BSAD	WRBTR	NUMERIC	Maximum	999,998,262.00
BSAD	WRBTR	NUMERIC	Range	999,998,261.79
BSAD	WRBTR	NUMERIC	Positive Count	128,569.00
BSAD	WRBTR	NUMERIC	Positive Total	6,190,694,734.20
BSAD	WRBTR	NUMERIC	Negative Count	0.00
BSAD	WRBTR	NUMERIC	Negative Total	0.00
BSAD	WRBTR	NUMERIC	Zeros Count	0.00
BSAD	WRBTR	NUMERIC	Heighest0	999,998,262.00
BSAD	WRBTR	NUMERIC	Heighest1	999,996,942.00
BSAD	WRBTR	NUMERIC	Heighest2	999,991,573.00
BSAD	WRBTR	NUMERIC	Heighest3	99,999,208.40
BSAD	WRBTR	NUMERIC	Heighest4	99,998,669.10
BSAD	WRBTR	NUMERIC	Lowest0	0.21
BSAD	WRBTR	NUMERIC	Lowest1	1.45
BSAD	WRBTR	NUMERIC	Lowest2	1.99
BSAD	WRBTR	NUMERIC	Lowest3	4.67
BSAD	WRBTR	NUMERIC	Lowest4	5.13

46

確認正確性-統計Statistics結果(發票日期)

Table_Name	Field_Name	Data_Type	Factor	Value
BSAD	BUDAT	DATETIME	Count	128,569.00
BSAD	BUDAT	DATETIME	Mean	2011-09-26 07:03:16.031703040
BSAD	BUDAT	DATETIME	Minimum	2010-01-01 00:00:00
BSAD	BUDAT	DATETIME	Q25	2011-08-10 00:00:00
BSAD	BUDAT	DATETIME	Q50	2011-09-27 00:00:00
BSAD	BUDAT	DATETIME	Q75	2011-11-14 00:00:00
BSAD	BUDAT	DATETIME	Maximum	2011-12-31 00:00:00
BSAD	BUDAT	DATETIME	Heightest0	2011-12-31 00:00:00
BSAD	BUDAT	DATETIME	Heightest1	2011-12-31 00:00:00
BSAD	BUDAT	DATETIME	Heightest2	2011-12-31 00:00:00
BSAD	BUDAT	DATETIME	Heightest3	2011-12-31 00:00:00
BSAD	BUDAT	DATETIME	Heightest4	2011-12-31 00:00:00
BSAD	BUDAT	DATETIME	Lowest0	2010-01-01 00:00:00
BSAD	BUDAT	DATETIME	Lowest1	2010-01-01 00:00:00
BSAD	BUDAT	DATETIME	Lowest2	2010-01-02 00:00:00
BSAD	BUDAT	DATETIME	Lowest3	2010-01-03 00:00:00
BSAD	BUDAT	DATETIME	Lowest4	2010-01-04 00:00:00

發票日期的最小值不在
2011年間

→包含其他年度資料。

47

確認正確性-分類Classify

- 分析→分類
- 選取ZLSCH欄位進行資料分類
- 「輸出設定」選擇「螢幕」
- 點選"確定"完成

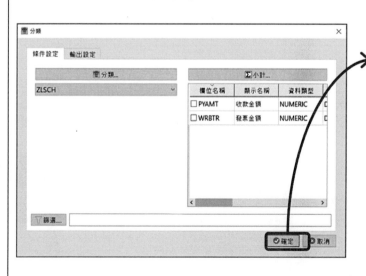

JACL >>BSAD.CLASSIFY(KEY=["ZLSCH"], TO="")
Table : BSAD
Note: 2022/11/01 15:55:22
Result - 筆數：2

ZLSCH	ZLSCH_count	Percent_of_count
Cash	42,029	32.69
Credit	86,540	67.31

包含現金(Cash)與賒銷(Credit)

→資訊部門所提供的報告格式
只要2011年的賒銷資料

48

計算應收帳款餘額-Computed Fields

- 開啟BSAD (應收帳款明細檔)
- 資料→資料表結構
- 點擊 **fx**
- 欄位名稱:輸入**應收帳款餘額**
- 資料格式:**設定為數字**
- 小數點:**設定為2位**
- 點擊 **f(x)初始值**
- 於公式文字框輸入

  WRBTR - PYAMT
- 驗證篩選條件是否正確
- 點選" OK "完成
- 關閉 資料表結構

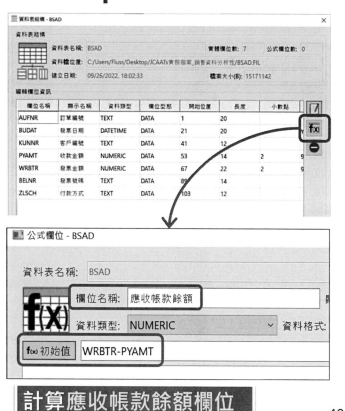

計算應收帳款餘額欄位

49

應收帳款餘額計算結果

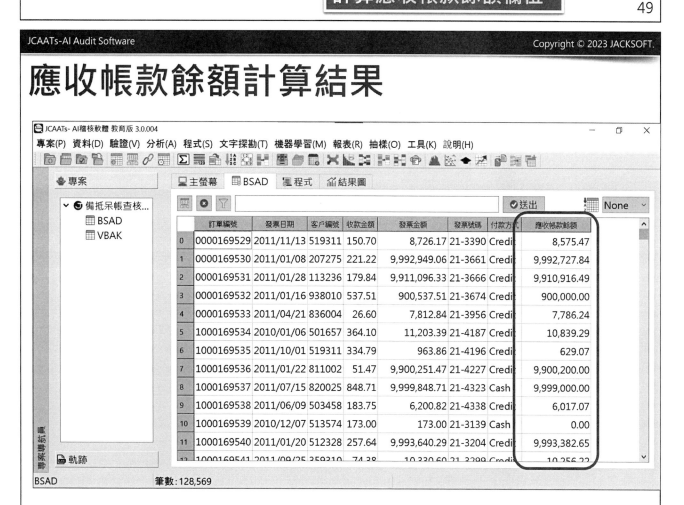

50

建立所需新表-篩選

- 點擊「篩選」(如上圖紅框處)篩選2011年所有的賒銷資料。
- 輸入查詢條件：ZLSCH=="Credit" and BUDAT.between(date(2011-01-01), date(2011-12-31))
- 輸入後點擊「語法檢查」驗證條件是否錯誤
- 完成驗證後，點擊「確定」

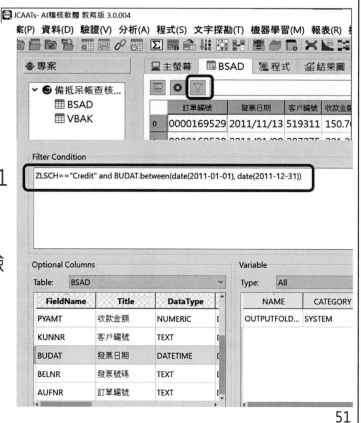

建立所需新表-篩選

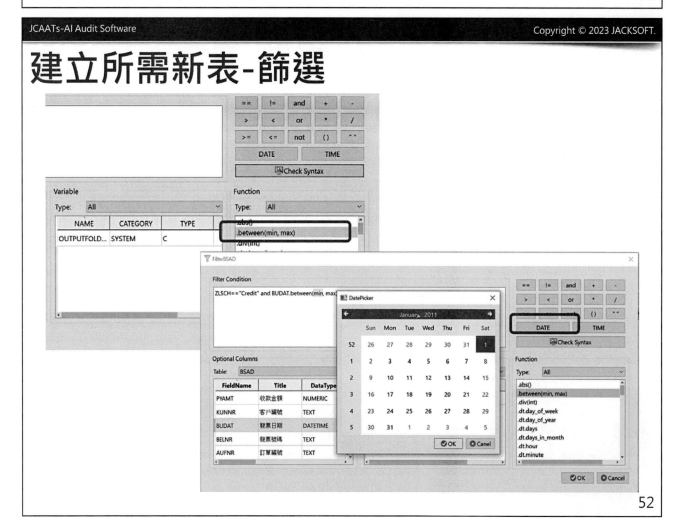

函式說明 — .between()

在JCAATs系統中，若需要查找指定區間中的資料，便可使用.between( )指令完成，允許查核人員快速地於大量資料中，找出指定區間中的資料值的記錄，故可應用於篩選特定資料期間範圍的資料。語法: Field.between(min, max)

CUST_No	Date	Amount
795401	2019/08/20	-474.70
795401	2019/10/15	225.87
795401	2019/02/04	180.92
516372	2019/02/17	1,610.87
516372	2019/04/30	-1,298.43

CUST_No	Date	Amount
795401	2019/02/04	180.92
516372	2019/02/17	1,610.87

範例篩選: Date.between(date(2019-02-01), date(2019-02-28))

*以上更多使用JCAATs函式使用方式:歡迎參考稽核自動化知識網www.acl.com.tw   53

建立所需新表-篩選結果

	訂單編號	發票日期	客戶編號	收款金額	發票金額	發票號碼	付款方式	應收帳款餘額
0	0000169529	2011/11/13	519311	150.70	8,726.17	21-3390	Credit	8,575.47
1	0000169530	2011/01/08	207275	221.22	9,992,949.06	21-3661	Credit	9,992,727.84
2	0000169531	2011/01/28	113236	179.84	9,911,096.33	21-3666	Credit	9,910,916.49
3	0000169532	2011/01/16	938010	537.51	900,537.51	21-3674	Credit	900,000.00
4	0000169533	2011/04/21	836004	26.60	7,812.84	21-3956	Credit	7,786.24
6	1000169535	2011/10/01	519311	334.79	963.86	21-4196	Credit	629.07
7	1000169536	2011/01/22	811002	51.47	9,900,251.47	21-4227	Credit	9,900,200.00
9	1000169538	2011/06/09	503458	183.75	6,200.82	21-4338	Credit	6,017.07
11	1000169540	2011/01/20	512328	257.64	9,993,640.29	21-3204	Credit	9,993,382.65
12	1000169541	2011/09/25	359310	74.38	10,330.60	21-3299	Credit	10,256.22
14	0100169543	2011/02/24	258024	243.64	9,995,926.13	21-3826	Credit	9,995,682.49
15	0000169544	2011/01/18	262001	58.01	9,997,801.84	21-4004	Credit	9,997,743.83

筆數: 86,512/128,569 過濾條件:ZLSCH == "Credit" and BUDAT.between('2011-01-01', '2011-12-31')

共86,512筆資料

筆數與資訊部門所提供的控制總數的筆數一致

54

萃取篩選的結果–萃取

- 選擇「報表→萃取」

- 選擇全部欄位

- 將檔名命名為
  Transactions_2011_credit

- 點擊「確定」

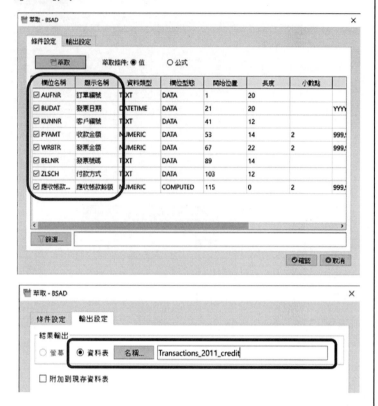

萃取篩選的結果–萃取結果

共86,512筆資料

確認唯一性-重複

- 開啟 Transactions_2011 _credit
- 驗證→重複
- 選取所有欄位檢查重複
- 「輸出設定」選擇「螢幕」
- 點選「確定」

重複 - Transactions_2011_credit　　　　　　　　　　×

條件設定　輸出設定

▥ 重複...

欄位名稱	顯示名稱	資料類型	
☑ AUFNR	訂單編號	TEXT	DAT
☑ BUDAT	發票日期	DATETIME	DAT
☑ KUNNR	客戶編號	TEXT	DAT
☑ PYAMT	收款金額	NUMERIC	DAT
☑ WRBTR	發票金額	NUMERIC	DAT
☑ BELNR	發票號碼	TEXT	DAT

☐ 輸出包含群組資訊

▥ 列出欄位...

欄位名稱	顯示名稱	資料類型	
☐ AUFNR	訂單編號	TEXT	DAT
☐ BUDAT	發票日期	DATETIME	DAT
☐ KUNNR	客戶編號	TEXT	DAT
☐ PYAMT	收款金額	NUMERIC	DAT
☐ WRBTR	發票金額	NUMERIC	DAT
☐ BELNR	發票號碼	TEXT	DAT
☐ ZLSCH	付款方式	TEXT	DAT

▽ 篩選....

☑確認　　☑取消

JACL
>>Transactions_2011_credit.DUPLICATE(KEY=["AUFNR","BUDAT","KUNNR","PYAMT","WRBTR","BELNR", "ZLSCH","應收帳款餘額"], TO="")
Table : Transactions_2011_credit
Note: 2022/11/01 16:03:22
Result - 筆數： 0

| AUFNR | BUDAT | KUNNR | PYAMT | WRBTR | BELNR | ZLSCH | 應收帳款餘額 |

> 測試沒有存在重複的資料

57

確認正確性-總和

- 選擇驗證→總和
- 選取**應收帳款餘額**欄位計算總額
- 點擊「確定」

> 應收帳款餘額與資訊部門所提供的資訊相同

Σ 總和 - Transactions_2011_credit　　　　　　　　　　×

條件設定　輸出設定

Σ 總和...

欄位名稱	顯示名稱	資料類型	欄位型態	開始位置	長度
☐ PYAMT	收款金額	NUMERIC	DATA	52	14
☐ WRBTR	發票金額	NUMERIC	DATA	66	22
☑ 應收帳款...	應收帳款餘額	NUMERIC	DATA	114	38

▽ 篩選....

☑確認　　☑取消

JACL >>Transactions_2011_credit.TOTAL(KEY = ["應收帳款餘額"])
Table : Transactions_2011_credit
Note: 2022/11/01 16:05:46
Result - 筆數： 1

Table_Name	Field_Name	Total
Transactions_2011_credit	應收帳款餘額	5,462,164,102.37

> 測試應收帳款餘額總和的正確性

58

5. 分析：
稽核目標1：驗證備抵呆帳提列是否正確
稽核流程圖

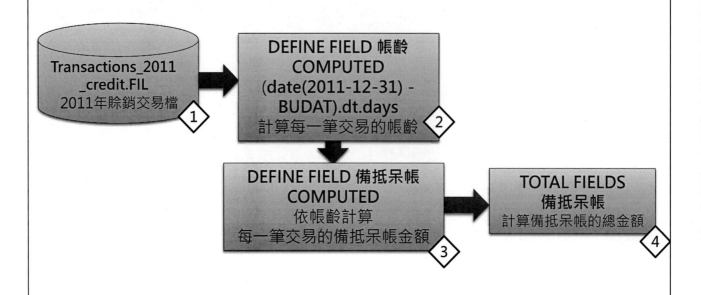

59

確認賒銷的備抵呆帳金額

- 開啟Transactions_2011_credit
- 資料→資料表結構
- 點擊
- 於欄位 **f(x)** 稱文字框輸入**"帳齡"**
- 點擊
- 於Expression **f(x)初始值** 文字框輸入 (date(2011-12-31) - BUDAT).dt.days，並驗證篩選條件是否正確
- 點選"確認"完成
- 關閉 資料表結構

計算每一筆交易的帳齡

補充說明：
JCAATs為Python Based AI稽核軟體，各項計算相對較為精確，
Datetime格式除了日數外，計算到時*分*秒*毫秒*微秒*奈秒，
故若有需要改為日數者可以透過.dt.days()函式進行轉換。

60

函式說明 — .dt.days

在系統中，若計算日期差異天數後，需要繼續使用該差異天數於後續查核計算，便可使用.dt.days函式將差異天數的格式轉換成數值，允許查核人員快速地於大量資料中，確認日期差異天數的數值資料。**語法: Field.dt.days**

Vendor	Date	Date2
10001	2022-12-31	2022-12-31
10001	2022-12-31	2022-12-31
10001	2022-12-02	2022-12-31
10002	2022-01-01	2022-12-31
10003	2022-01-01	2022-12-31

Vendor	Date	Date2	NewDate
10001	2022-12-31	2022-12-31	0
10001	2022-12-31	2022-12-31	0
10001	2022-12-02	2022-12-31	29
10002	2022-01-01	2022-12-31	364
10003	2022-01-01	2022-12-31	364

範例新公式欄位NewDate: (Date2-Date).dt.days

*以上更多使用JCAATs函式使用方式:歡迎參考稽核自動化知識網www.acl.com.tw

61

確認賒銷的備抵呆帳金額-條件式計算欄位

- 資料→資料表結構
- 點擊 **fx**
- 於「**欄位名稱**」文字框輸入"**備抵呆帳**"
- 點擊 **f(x) 初始值**
- 於「初始值」輸入"**0.00**"
- 點選 ⊕ 依應收帳款呆帳政策與**報告**設定條件
- 點選 **✓確定**
- 關閉 資料表結構

> 計算每一筆交易的壞帳金額

62

確認賒銷的備抵呆帳金額–
帳齡與備抵呆帳金額計算結果

確認賒銷的備抵呆帳金額–總和

- 選擇驗證→總和
- 選取**備抵呆帳**欄位計算總額
- 點擊「確定」

備抵呆帳帳費用與資訊部門所提供的資訊相同

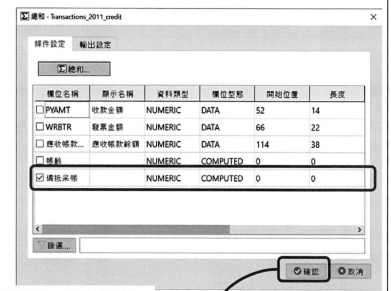

計算備抵呆帳的總和

JACL >>Transactions_2011_credit.TOTAL(KEY = ["備抵呆帳"])
Table : Transactions_2011_credit
Note: 2022/11/01 16:15:01
Result - 筆數：1

Table_Name	Field_Name	Total
Transactions_2011_credit	備抵呆帳	5,402,903,885.33

稽核目標2：計算每個顧客的平均備抵呆帳率稽核流程圖

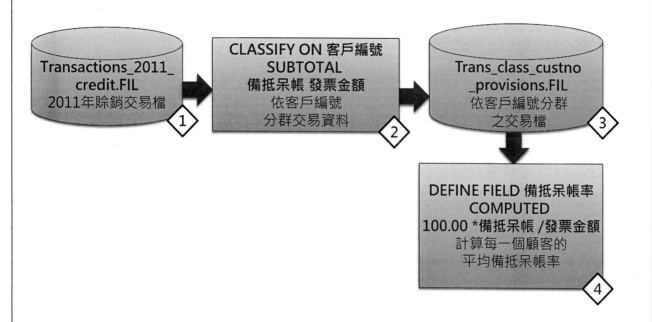

每個顧客的平均備抵呆帳率-分類

- 開啟 Transactions_2011_credit
- 分析→分類
- 依據**客戶編號(KUNNR)**欄位進行分類
- 小計**備抵呆帳、發票金額(WRBTR)**
- 匯出成新表 Trans_class_custno_provisions
- 點選"確定"完成

每個顧客的平均備抵呆帳率-分類結果

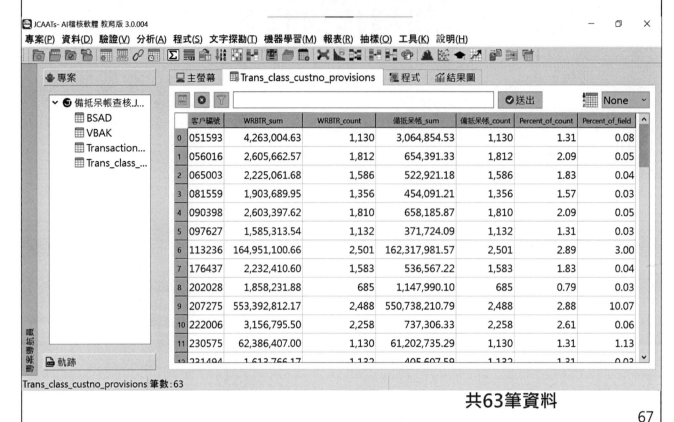

Trans_class_custno_provisions 筆數:63

共63筆資料

67

每個顧客的平均備抵呆帳率-運算式欄位

- 開啟
  Trans_class_custno_provisions
- 資料→資料表結構
- 點擊 **fx**
- 於欄位名稱文字框輸入"**備抵呆帳率**"
- 點擊 **f(x)初始值**
- 輸入運算式：

  100.00 * 備抵呆帳_sum / WRBTR_sum

  並驗證篩選條件是否正確
- 點選"確定"完成
- 關閉 資料表結構

計算每一個顧客的
備抵呆帳率

68

每個顧客的平均備抵呆帳率-運算式欄位

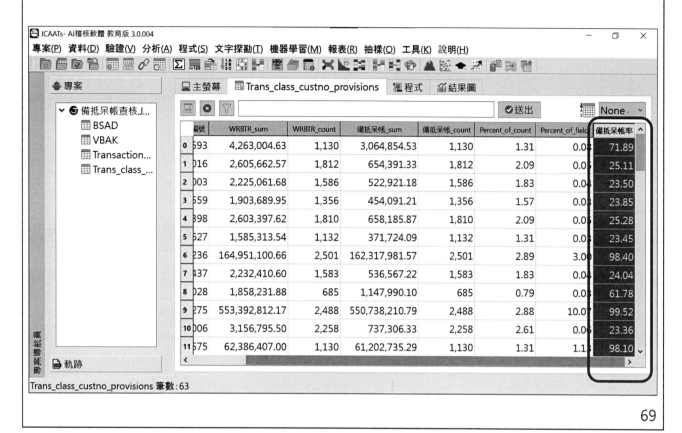

每個顧客的平均備抵呆帳率-統計

- 開啟 Trans_class_custno_ provisions
- 驗證→統計
- 選取**備抵呆帳率**欄位進 行資料統計
- **匯出**選擇「螢幕」
- 點選"確定"完成

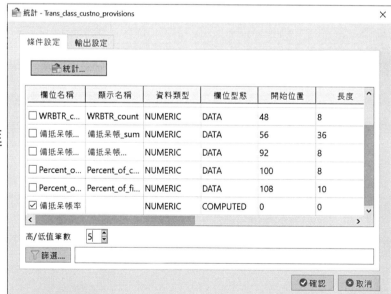

計算整體平均 備抵呆帳率

每個顧客的平均備抵呆帳率-統計結果

Table_Name	Field_Name	Data_Type	Factor	Value
Trans_class_custno_provisions	備抵呆帳率	NUMERIC	Count	63.00
Trans_class_custno_provisions	備抵呆帳率	NUMERIC	Total	2,884.19
Trans_class_custno_provisions	備抵呆帳率	NUMERIC	Abs. Value	2,884.19
Trans_class_custno_provisions	備抵呆帳率	NUMERIC	Minimum	23.01
Trans_class_custno_provisions	備抵呆帳率	NUMERIC	Maximum	99.94
Trans_class_custno_provisions	備抵呆帳率	NUMERIC	Range	76.93
Trans_class_custno_provisions	備抵呆帳率	NUMERIC	Positive Count	63.00
Trans_class_custno_provisions	備抵呆帳率	NUMERIC	Positive Total	2,884.19
Trans_class_custno_provisions	備抵呆帳率	NUMERIC	Negative Count	0.00
Trans_class_custno_provisions	備抵呆帳率	NUMERIC	Negative Total	0.00
Trans_class_custno_provisions	備抵呆帳率	NUMERIC	Zeros Count	0.00
Trans_class_custno_provisions	備抵呆帳率	NUMERIC	Heightest0	99.94
Trans_class_custno_provisions	備抵呆帳率	NUMERIC	Heightest1	99.91
Trans_class_custno_provisions	備抵呆帳率	NUMERIC	Heightest4	99.51
Trans_class_custno_provisions	備抵呆帳率	NUMERIC	Lowest0	23.01
Trans_class_custno_provisions	備抵呆帳率	NUMERIC	Lowest1	23.34
Trans_class_custno_provisions	備抵呆帳率	NUMERIC	Lowest2	23.36
Trans_class_custno_provisions	備抵呆帳率	NUMERIC	Lowest3	23.45
Trans_class_custno_provisions	備抵呆帳率	NUMERIC	Lowest4	23.50

71

稽核目標3：找出備抵呆帳率高於25%的顧客與備抵呆帳高過備抵呆帳提列總金額5%的顧客稽核流程圖

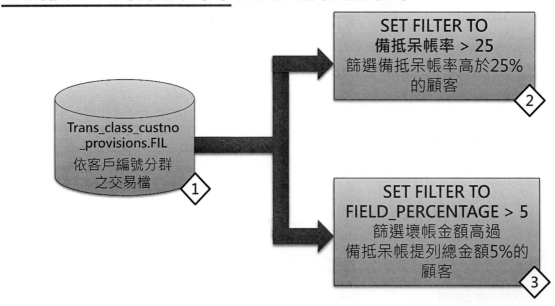

SET FILTER TO
備抵呆帳率 > 25
篩選備抵呆帳率高於25%的顧客
2

Trans_class_custno_provisions.FIL
依客戶編號分群之交易檔
1

SET FILTER TO
FIELD_PERCENTAGE > 5
篩選壞帳金額高過備抵呆帳提列總金額5%的顧客
3

72

確認備抵呆帳率高於25%的顧客-Filter

- 開啟 Trans_class_custno _provisions
- 點擊 ▽
- 輸入篩選條件：
  備抵呆帳率 > 25
  並驗證篩選條件
  是否正確
- 點選"確定"完成

找出異常狀況

篩選器Trans_class_custno_provisions

篩選條件

備抵呆帳率 > 25

==	!=	and	+	-
>	<	or	*	/
>=	<=	not	( )	""

DATE   TIME

語法檢查

可選欄位

資料表：Trans_class_custno_provisions

欄位名稱	顯示名稱	資料類型
備抵呆帳率		NUMERIC
備抵呆帳_sum	備抵呆帳_sum	NUMERIC
備抵呆帳...	備抵呆帳...	NUMERIC
WRBTR_sum	WRBTR_sum	NUMERIC

變數

類型：全部

名稱	類別	型態	
備抵呆帳總...	USER	N	54
TOTAL1	SYSTEM	N	54
OUTPUTFOL...	SYSTEM	C	

函式

類型：全部

.abs()
.between(min, max)
.div(int)
.dt.day_of_week
.dt.day_of_year
.dt.days
.dt.days_in_month

✔確定 ✘取消

73

確認備抵呆帳率高於25%的顧客-篩選結果

編號	WRBTR_sum	WRBTR_count	備抵呆帳_sum	備抵呆帳_count	Percent_of_count	Percent_of_field	備抵呆帳率
0 593	4,263,004.63	1,130	3,064,854.53	1,130	1.31	0.08	71.89
1 016	2,605,662.57	1,812	654,391.33	1,812	2.09	0.05	25.11
4 398	2,603,397.62	1,810	658,185.87	1,810	2.09	0.05	25.28
6 236	164,951,100.66	2,501	162,317,981.57	2,501	2.89	3.00	98.40
8 028	1,858,231.88	685	1,147,990.10	685	0.79	0.03	61.78
9 275	553,392,812.17	2,488	550,738,210.79	2,488	2.88	10.07	99.52
11 575	62,386,407.00	1,130	61,202,735.29	1,130	1.31	1.13	98.10
12 494	1,613,766.17	1,132	405,607.59	1,132	1.31	0.03	25.13
14 605	3,164,412.19	2,262	795,138.66	2,262	2.61	0.06	25.13
16 024	123,004,181.61	2,264	120,634,830.84	2,264	2.62	2.24	98.07
17 001	341,982,062.04	1,586	340,314,186.09	1,586	1.83	6.22	99.51
19 267	142,264,005.49	1,812	140,375,179.13	1,812	2.09	2.59	98.67

Trans_class_custno_provisions 筆數：35/63 過濾條件：備抵呆帳率 > 25

共35筆資料

63位顧客中有35位 壞帳率超過25%

74

情境練習

□ **試著做做看**

1. 找出備抵呆帳率<u>高於50%</u>的客戶？

2. 找出備抵呆帳率<u>高於80%</u>的客戶?

答案：1. 20位客戶
2. 16位客戶

補充說明:
可以使用錄製之Script 程式加快分析的效率，
分析後記得做相關資料影響數統計，
以利決策參考

確認備抵呆帳高過備抵呆帳提列總金額5%的顧客-篩選

- 開啟
  Trans_class_custno_
  provisions
- 點擊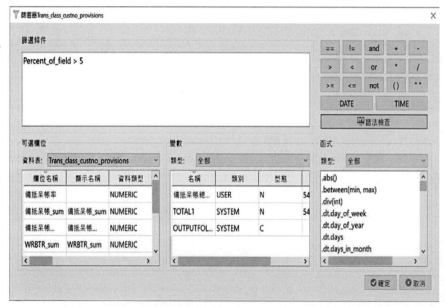
- 輸入篩選條件

  Percent_of_field > 5
  驗證篩選條件是否
  正確
- 點選"確認"完成

找出異常狀況

確認備抵呆帳高過備抵呆帳提列總金額 5%的顧客-篩選結果

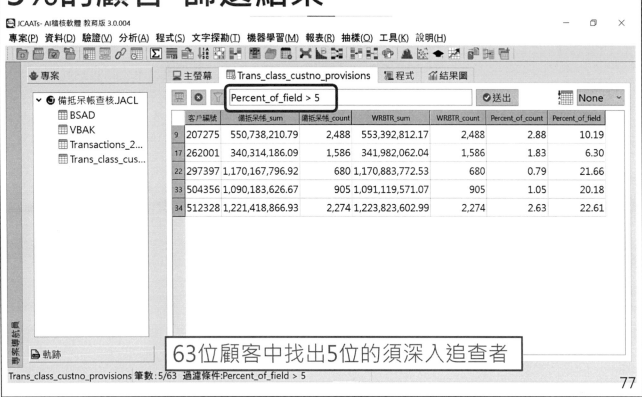

63位顧客中找出5位的須深入追查者

稽核目標4：造成10%以上備抵呆帳率 的銷售人員稽核流程圖

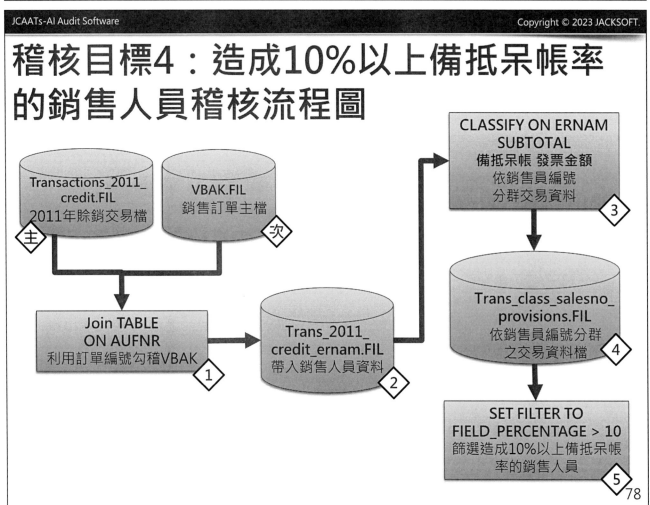

帶入銷售人員資料-比對

- 開啟
  **Transactions_2011_
  credit**
- 分析→比對
- 次表選擇VBAK
- **主表Key欄位**選擇
  AUFNR
- **次表Key欄位**選擇
  AUFNR
- **主表欄位**全選
- **次表欄位**選擇
  ERNAM

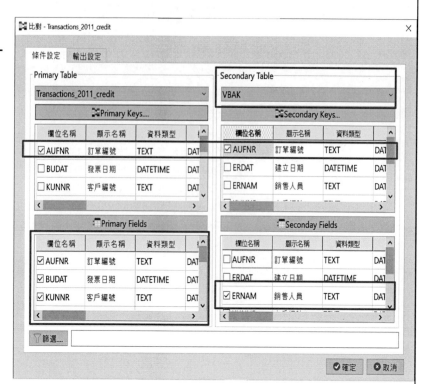

帶入銷售人員資料-比對

- 於輸出設定選擇
- 資料表名稱為
  **Trans_2011_credit_
  ernam**
- 比對類型選擇
  **Matched All
  Primary with the
  first Secondary**
- 點選"確定"完成

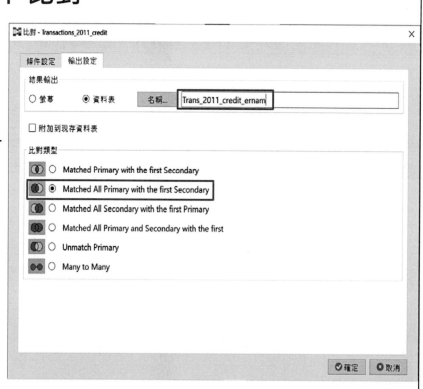

帶入銷售人員資料-比對結果

確認造成10%以上備抵呆帳率的銷售人員-分類

- 開啟 Trans_2011_credit_ernam
- 分析→分類
- 依據銷售人(ERNAM)欄位進行分類
- 小計備抵呆帳、發票金額(WRBTR)
- 匯出成新表 Trans_class_salesno_provisions
- 點選"確定"完成

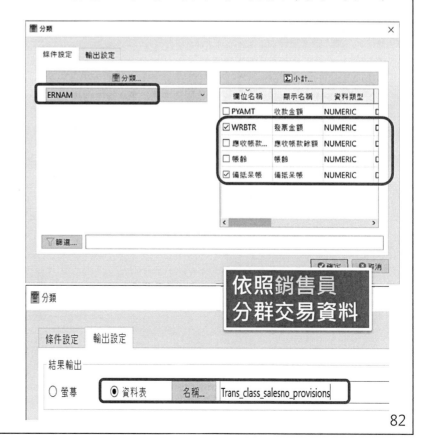

確認造成10%以上備抵呆帳率的銷售人員-分類結果

共23筆資料

83

確認造成10%以上備抵呆帳率的銷售人員- 篩選

- 開啟 Trans_class_salesno_provisions
- 點擊 🔽
- 輸入篩選條件：

Percent_of_field > 10
並驗證篩選條件是否正確

- 點選"確定"完成

找出異常狀況

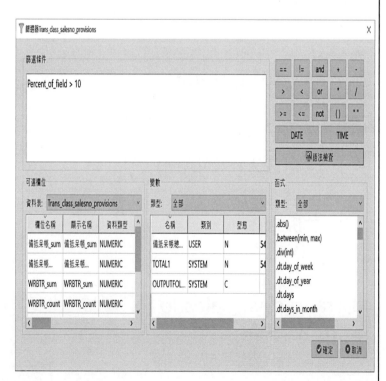

84

確認造成10%以上備抵呆帳率的銷售人員- 篩選結果

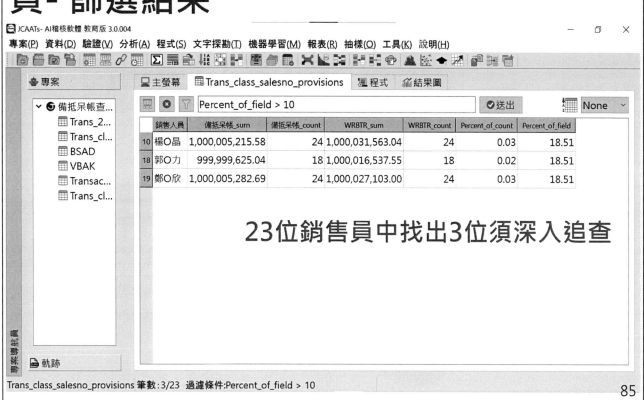

JCAATs- AI稽核軟體 教育版 3.0.004   — □ ✕

專案(P) 資料(D) 驗證(V) 分析(A) 程式(S) 文字探勘(T) 機器學習(M) 報表(R) 抽樣(O) 工具(K) 說明(H)

專案   主螢幕   Trans_class_salesno_provisions   程式   結果圖

∨ 備抵呆帳查...
- Trans_2...
- Trans_cl...
- BSAD
- VBAK
- Transac...
- Trans_cl...

Percent_of_field > 10   送出   None

	銷售人員	備抵呆帳_sum	備抵呆帳_count	WRBTR_sum	WRBTR_count	Percent_of_count	Percent_of_field
10	楊O晶	1,000,005,215.58	24	1,000,031,563.04	24	0.03	18.51
18	郭O力	999,999,625.04	18	1,000,016,537.55	18	0.02	18.51
19	鄭O欣	1,000,005,282.69	24	1,000,027,103.00	24	0.03	18.51

23位銷售員中找出3位須深入追查

軌跡

Trans_class_salesno_provisions 筆數:3/23 過濾條件:Percent_of_field > 10

稽核部門的未來發展

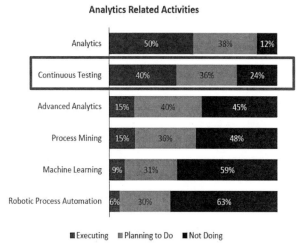

Touchstone Insights - Data Analytics

Analytics Related Activities

- No need
- Lack of tools
- Lack of skills

■Executing ■Planning to Do ■Not Doing

資料來源：2021 INTERNATIONAL CONFERENCE,Internal Audit Department of Tomorrow,Phil Leifermann,MBA,CIA,CISA,CFE,Shagen Ganason,CIA

持續性稽核及持續性監控管理架構

電腦輔助稽核技術
(CAATs)

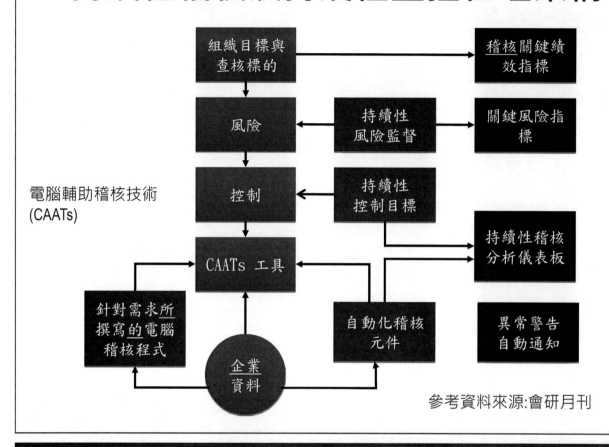

參考資料來源:會研月刊

建置持續性稽核APP的基本要件

- 將手動操作分析改為自動化稽核
  - 將專案查核過程轉為JCAATs Script
  - 確認資料下載方式及資料存放路徑
  - JCAATs Script修改與測試
  - 設定排程時間自動執行

- 使用持續性稽核平台
  - 包裝元件
  - 掛載於平台
  - 設定執行頻率

將專案查核過程軌跡另存程式(Script)

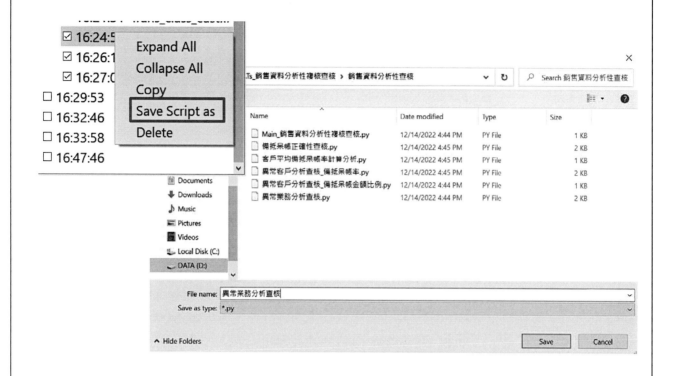

稽核自動化- 開啟程式(SCRIPT)執行

執行程式(Script)後顯示結果

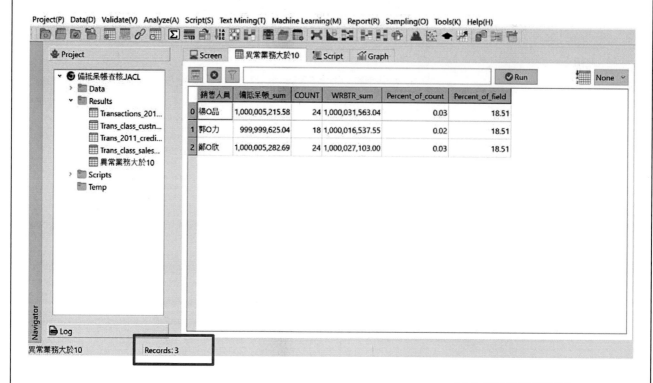

共3筆異常資料

可以將多個程式一次一起執行

1. 先將個別查核情境透過軌跡另存程式方式來建立其個別程式(Script)；
2. 使用新增程式指令，程式名稱: Main_重複付款查核實例演練；
3. 使用 self.DO_SCRIPT(pat) 語法，將一個一個程式(Script)名稱編輯入 Main程式內，然後存檔;
4. 點擊執行，即可以將各個查核程式一起執行。

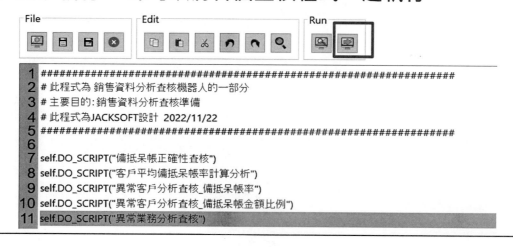

```
1  ################################################################
2  # 此程式為 銷售資料分析查核機器人的一部分
3  # 主要目的:銷售資料分析查核準備
4  # 此程式為JACKSOFT設計 2022/11/22
5  ################################################################
6
7  self.DO_SCRIPT("備抵呆帳正確性查核")
8  self.DO_SCRIPT("客戶平均備抵呆帳率計算分析")
9  self.DO_SCRIPT("異常客戶分析查核_備抵呆帳率")
10 self.DO_SCRIPT("異常客戶分析查核_備抵呆帳金額比例")
11 self.DO_SCRIPT("異常業務分析查核")
```

如何建立JCAATs專案持續稽核

➤ 持續性稽核專案進行六步驟：

▲ 稽核自動化：

電腦稽核主機 – 一天可以工作24 小時

93

JACKSOFT的JBOT_SAP 備抵呆帳查核機器人範例

JBOT練習_備
抵呆帳查核機
器人.exe

安裝

	選取欲查核程式- [JTK20230314072338] -JTK 專業版 Version 7.0	— □ ×

選取所需的查核程式
可動態的選取所要查核的項目,加速查核作業。

上一步　執行分析　專案存檔　取消

基本資料
專案名稱：JTK20230314072338　　　　資料來源：資料倉儲
模組名稱：銷售及收款循環　　　　建立時間：2023/03/14 07:23:38
作業名稱：應收帳款作業_JCAATs

欲查核之稽核程式
☑ 全選

選取	元件編號	元件名稱	稽核目標
☑	TS1D0001	備抵呆帳正確性查核	驗證備抵呆帳的提列是否正確
☑	TS1D0002	客戶平均備抵呆帳率計算分析	計算每位顧客的平均備抵呆帳率
☑	TS1D0003	異常客戶分析查核_備抵呆帳率	找出重大異常之客戶確認哪些客戶的備抵呆帳率高於一定比例25%(設定(
☑	TS1D0004	異常客戶分析查核_備抵呆帳金額比例	找出重大異常之客戶確認哪些客戶的備抵呆帳提列金額高過備抵呆帳提列
☑	TS1D0005	異常業務分析查核	找出哪些銷售人員造成一定比例10%(設定變數)備抵呆帳提列總金額

94

JCAATs
AI智能稽核:機器學習
(Machine Learning)

機器學習(Machine Learning)

» 由於人工智慧技術的快速發展，相關的技術也開始被應用於稽核領域。機器學習是人工智慧技術重要的發展，透過機器學習的不同演算法的應用，稽核人員可以開始對所取得的資料進行智慧化分析，而非傳統的規則式分析。

» JCAATs 是人工智慧稽核軟體，其創新發展與適用於稽核人員的使用介面，讓稽核人員可以快速地進入到人工智慧工作的新環境，進入到事前稽核的新境界和新時代的工作環境快速接軌。

機器學習的概念

»Supervised Learning (監督式學習)

要學習的資料內容已經包含有答案欄位，讓機器從中學習，找出來造成這些答案背後的可能知識。JCAATs在監督式學習模型提供有 多元分類(Classification) 法，包含 Decision tree、KNN、Logistic Regression、Random Forest和SVM等方法。

»Unsupervised Learning (非監督式學習)

要學習的資料內容並無已知的答案，機器要自己去歸納整理，然後從中學習到這些資料間的相關規律。在非監督式學習模型方面，JCAATs提供集群(Cluster)與離群(Outlier) 方法。

JCAATs 機器學習功能的特色:

1. **不須外掛程式即可直接進行機器學習**
2. **提供SMOTE功能**來處理不平衡的數據問題，這類的問題在審計的資料分析常會發生。
3. 提供使用者在選擇機器學習算法時可自行依需求採用兩種不同選項：
   <u>用戶決策模式</u>(自行選擇預測模型)或<u>系統決策模式</u>(將預測模式全選)，讓機器學習更有彈性。
4. JCAATs使用戶**能夠自行定義其機器學習歷程**。
5. 提供有商業資料機器學習較常使用的方法，如**決策樹(Decision Tree)**與**近鄰法(KNN)**等。
6. 可進行**二元分類**和**多元分類**機器學習任務。
7. 提供**混淆矩陣圖和表格**，使他們能夠獲得有價值的機器學習算法，表現洞見。
8. 在執行訓練後提供**三個性能報告**，使用戶能夠更輕鬆地分析與解釋訓練結果。
9. 機器學習的速度更快速。
10. 在集群(CLUSTER)學習後，提供一個圖形，使用戶能夠可視化數據聚類。

JCAATs-AI 稽核機器學習的作業流程

- 用戶決策模式的機器學習流程

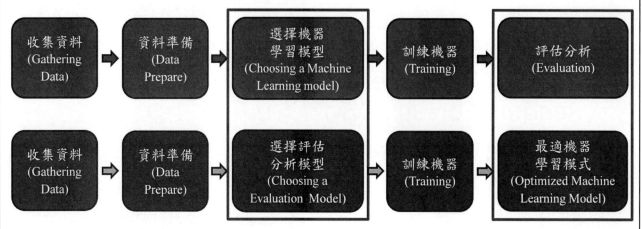

- 系統決策模式的機器學習流程

**提供二種機器學習決策模式，讓不同的人可以自行選擇使用方式。

JCAATs 機器學習指令

指令	學習類型	資料型態	功能說明	結果產出
Train 學習	監督式	文字 數值 邏輯	使用自動機器學習機制產出一預測模型。	預測模型檔(Window 上 *.jkm 檔) 3個模型評估表和混沌矩陣圖
Predict 預測	監督式	文字 數值 邏輯	導入預測模型到一資料表來進行預測產出目標欄位答案。	結果資料表 (JCAATs資料表)
Cluster 集群	非監督式	數值	對數值欄位進行分組。分組的標準是值之間的接近度。	結果資料表 和資料分群圖
Outlier 離群	非監督式	數值	對數值欄位透過統計準差進行分析。	結果資料表

學習和預測機器學習指令
引領進入「事前」稽核新境界

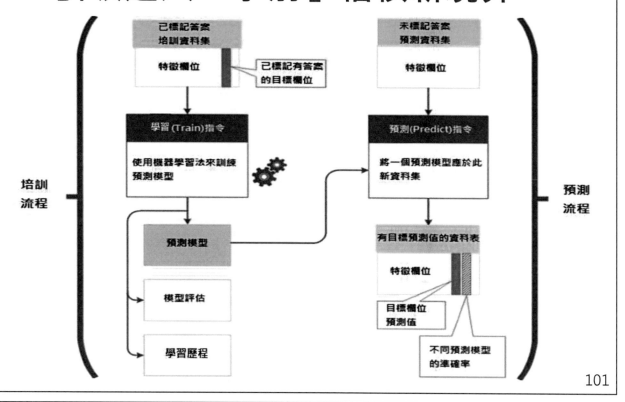

101

培訓(Train)和預測(Predict)說明

◆**培訓(Train)流程**使用一個培訓資料集:
　目標欄位已標記有答案。

◆**預測流程(Predict)**使用一個新資料集:
　要預測目標欄位答案。

◆**培訓模型評分度量標準表:**

培訓模型	評分度量標準
分類 (CLASSIFICATION)	ACCURACY | F1 | LOGLOSS | PRECISION | RECALL

*JCAATs可以進行二元分類與多元分類(CLASSIFICATION)，評量多元分類時會加入 Weight計算方式。

102

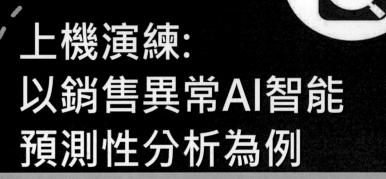

上機演練:
以銷售異常AI智能
預測性分析為例

查核目標說明

　　整理過去歷史的經驗資料，利用JCAATs機器學習
內的學習(Train)指令，希望可以學習出一個預測模型
透過預測(Predict)指令，將學習後的知識模型來對現
有的資料進行預測，希望找出潛在可能高風險的案
件，以深入查核提早找出有問題的徵兆等。

銷售資料異常AI智能預測性分析專案

銷售資料異常AI智能分析查核
上機演練:學習(Train)

STEP 01 : 開啟JCAATs 專案檔「銷售資料異常AI智能分析」
STEP 02: 開啟「銷售資料_歷史資料」資料表，
　　　　　從目錄列選取「機器學習」，再選取「學習」指令

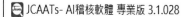

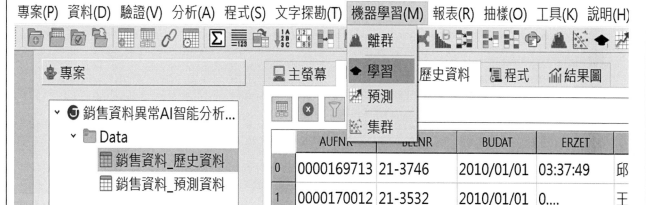

訓練目標與訓練對象

- STEP 03: 設定訓練目標「Fraud」與訓練對象「銷售人員、客戶編號、付款方式」等，**預測模型**為: Decision Tree (經常被使用與易懂的分類模型)。

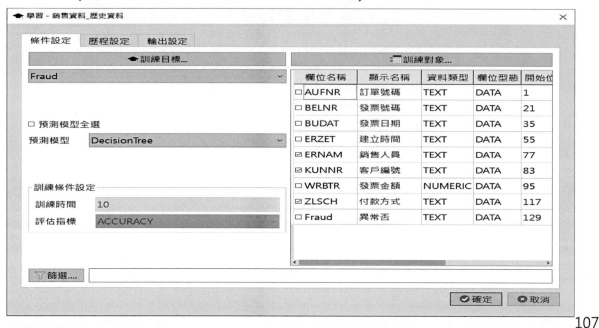

學習歷程設定(Pipeline)

- 此階段讓您可以設定資料預處理相關方式，提高機器學習的效果。

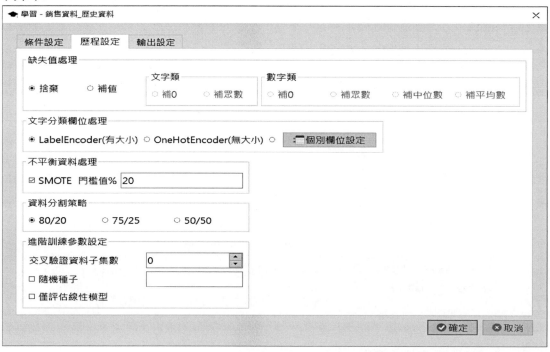

文字分類欄位預處理

- 機器學習演算法的資料預處理階段會將所有學習對象的欄位值均轉換成二元數值型資料，因次文字類形資料(或稱標籤類的資料)的轉換方式就會影響到機器學習的效果。處理的方式有LabelEncoder與OneHotEncoder二種。

- LabelEncoder: 適合有序型的類別型資料，如衣服大小(S,M,L)這種類別之間其實是有程度差異的資料。此為JCAATs初始狀態。

- OneHotEncoder: 適用在無序型的類別型資料，如性別、國家等。使用此方式時，系統會轉化將一類資料新增為一個欄位來進行機器學習。

109

範例說明:

原始資料表

	地區	天氣	溫度
0	A	windy	25
1	B	sunny	30
2	B	cloudy	18

LabelEncoder

數值傳換後資料表

	地區	天氣	溫度
0	0	2	25
1	1	1	30
2	1	0	18

 OneHotEncoder

數值傳換後資料表

	地區_A	地區_B	天氣_cloudy	天氣_sunny	天氣_windy	溫度
0	1	0	0	0	1	25
1	0	1	0	1	0	30
2	0	1	1	0	0	18

地區、天氣欄位無大小之分，使用 OneHotEncoder 方式; 溫度欄位因有大小仍用 LabelEncoder 方式

110

不平衡(不對稱)資料處理

- **為何需要處理不平衡資料**

- 在進行分類問題時，可能會碰到資料不平衡(不對稱)的問題。人們往往會透過模型想要找到數據中較為少數的那部分，如：信用卡盜刷紀錄、垃圾郵件識別等。當數據出現不平衡時，若模型在測試資料集中皆預測為人數較多的那個類別時，雖然可以達到較高的準確率，但並不代表此模型能夠準確幫助分類，因此在資料內數量比例超過1:4時，就建議在分析前將資料不平衡的問題納入考量。

- **SMOTE(Synthetic Minority Over-sampling Technique)** 合成少數過採樣方法：是常用來解決不平衡資料機器學習的有效方法。

學習結果: 知識模型

◆ 學習 - 銷售資料_歷史資料			×

| 條件設定 | 歷程設定 | 輸出設定 |

結果輸出

○ 螢幕　　　　　　　◉ 模組　　　　　　名稱...　　銷售預測模式

☐ 附加到現存資料表

✔ 確定　　❌ 取消

學習結果績效評估表分析

專案內產出三個機器學習後的績效分析表，讓你易於判斷學習果:

- ConfusionMatrix
- PerformanceMetrics
- SummaryReport

113

混沌矩陣(confusion matrix)

- 混沌矩陣是用來評估模型好壞常見的方法。他還可以用來加以計算Accuracy, Precision, Recell, F1值等衡量指標。點擊結果圖可以看到如下的圖。

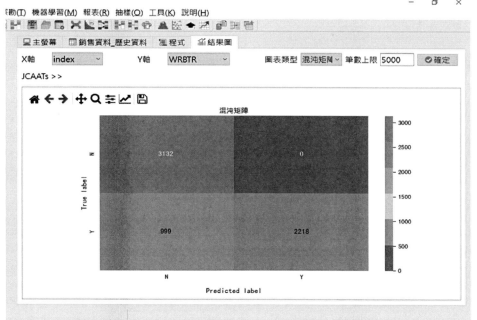

此學習結果可以看到預測的有不錯的準確性 3132 和 2218.

114

績效指標(Performance Metrics)

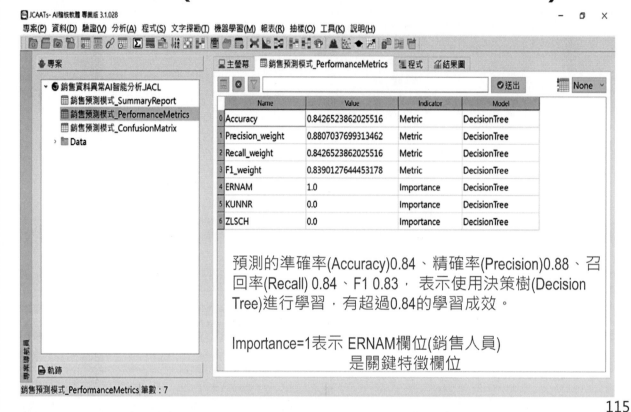

預測的準確率(Accuracy)0.84、精確率(Precision)0.88、召回率(Recall) 0.84、F1 0.83，表示使用決策樹(Decision Tree)進行學習，有超過0.84的學習成效。

Importance=1表示 ERNAM欄位(銷售人員)
是關鍵特徵欄位

銷售資料異常AI智能分析查核
上機演練:預測(Predict)

STEP 1:開啟「**銷售資料_預測資料**」資料表，從**目錄列**選取**機器學習**，再選取**預測**指令。

JCAATs- AI稽核軟體 專業版 3.1.028

專案(P) 資料(D) 驗證(V) 分析(A) 程式(S) 文字探勘(T) 機器學習(M) 報表(R) 抽樣(O)

		機器學習(M)
		▲ 離群
		♠ 學習
		📈 預測
		集群

	訂單號碼	發票號
0	0000169802	21-3248
1	0000169856	22-743
2	0000170327	22-319
3	0000170511	22-3660

銷售資料異常AI智能分...
- 銷售預測模式_Summ...
- 銷售預測模式_Perfor...
- 銷售預測模式_Confu...
- Data
  - 銷售資料_歷史資料
  - 銷售資料_預測資料

STEP 2 :於預測視窗中點選預測模型檔，選取具有* .jkm副檔名的檔案，
點選**銷售預測模式.jkm**知識模型。
STEP3：**顯示欄位**設為**全選**、**輸出設定**選**資料表**中輸入要產生的預測結果
資料表:**銷售異常預測結果**，點選**確定**。

STEP 4 :點選確定，JCAATs會自動執行預測。 開啟「**銷售異常預測結果**」資
料表，此時在表格上會新增有 **Predict (預測值)** 和 **Probability (可能性)**二欄
位。Predict_Fraud顯示 0和1， 0 表示N, 1表示 Y。學習由字母順序來排列。

透過分類了解預測結果

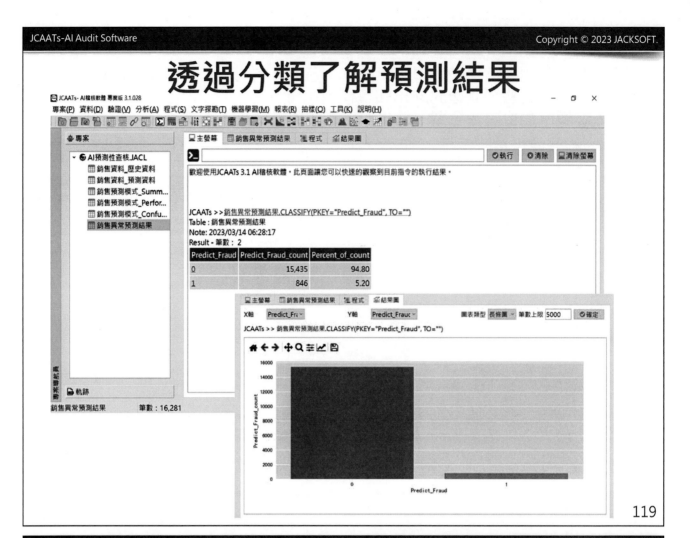

119

決策樹(Decision Tree)機器學習:

- 決策樹(decision tree)是一種機器學習技術，其可用於分類預測，此類決策樹稱為分類樹(classification tree)。下圖為預測外出是開車或是步行。

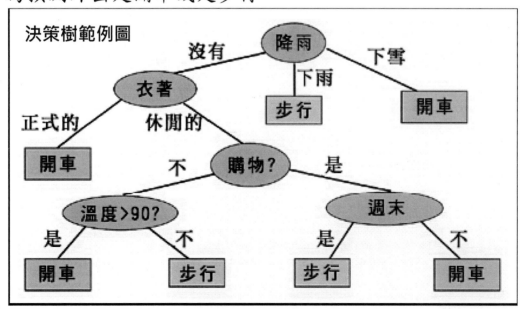

120

決策樹範例:

- 你使用棒球大聯盟的資料,利用其中的欄位年資(Years)與前一年的打擊命中次數(Hits)來預測球員下一年度的薪資(Salary)。

- 決策樹分析會產出如右圖,第一個區分方式是年資是否小於5年,符合的話就繼續走右邊走,薪資5.11。否就會走左邊,繼續判斷打擊命中次數是否小於120。到了最後把薪資資料分成了三個組別如圖中的5.11、6.00、8.00。

- 決策樹可以進行多元分類分析或是回歸分析,其好處是比起一般的模型更容易解釋、假設更少,並且具有能夠視覺化的優勢。

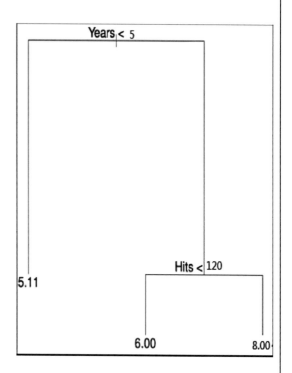

121

---

jacksoft | AI Audit Expert
www.jacksoft.com.tw

SAP ERP 資料
萃取方法補充說明

1. T_CODE下載

2. JCAATs SAP ODBC Connector

122

SAP ERP 版本

SAP R/1 → SAP R/2 → SAP R/3 → SAP ECC → SAP Business Suite on HANA → SAP S/4 HANA → SAPS/4 HANA Cloud

➢ **SAP R/2:** 基於SAP Main frame的ERP系統。

➢ **SAP R/3:** 在1997年，當SAP轉換到client server架構，稱為 SAP R/3 (3 Tier Architecture)。也稱MySAP business suite。

➢ **SAP ECC:** SAP推出了6.0的新版本，並將其更名為ECC (ERP Core Component)。

➢ **SAP Business Suite on HANA:** 介於S/4 HANA 和 ECC 6 EHP7之間的版本，具備HANA的功能或提高效能。

➢ **SAP S/4 HANA:** SAP推出自己可以處理大數據的HANA資料庫 (以前大多搭配Oracle資料庫)，並將其ERP產品遷移到HANA。

➢ **SAP S/4 HANA on cloud:** S/4 HANA 也可以在雲上使用， 它被稱為S/4 HANA cloud。

123

SAP 整合功能架構圖

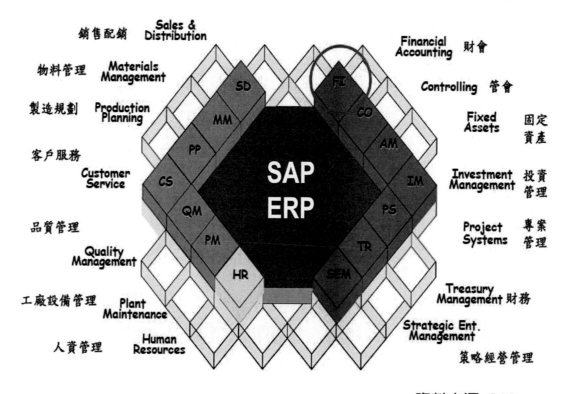

資料來源: SAP

124

以SAPERP 查核為例
—Sales資料關連圖

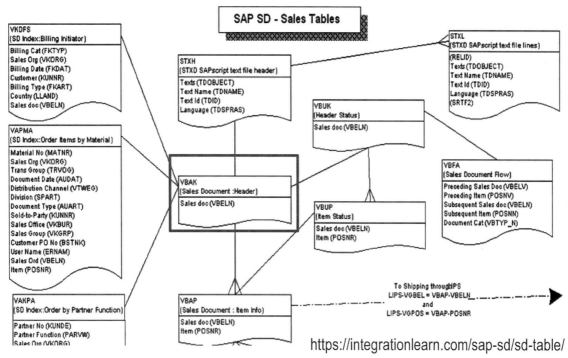

https://integrationlearn.com/sap-sd/sd-table/

125

SAP ERP 查核項目

294 頁

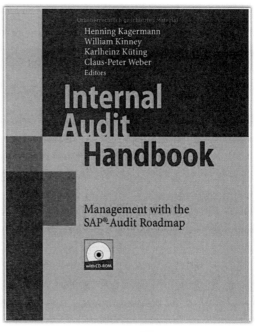

608 頁

126

常見SAP ERP資料擷取方法

- ABAP Programming
- ABAP 4 Query
- SAP Data browser
- 由查詢畫面或報表儲存資料

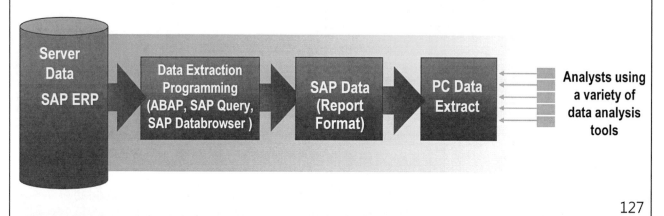

127

若您使用SAP S/4 要將列表資料匯出到Excel:
Step1：Download 下載將列表內容儲存於檔案中
Step2: 選擇存檔格式 (Text with Tabs)

T_CODE
下載:
SE16

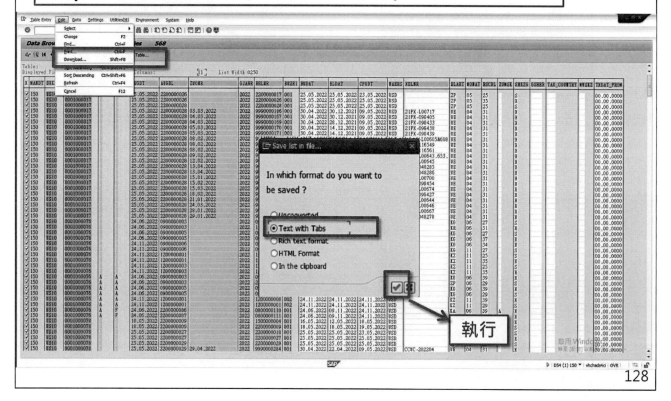

128

若您使用SAP ECC6 要將列表資料匯出到Excel:
Step1: Download 下載將列表內容儲存於檔案中
Step2: 選擇存檔格式 Spreadsheet

T_CODE
下載:
SE16

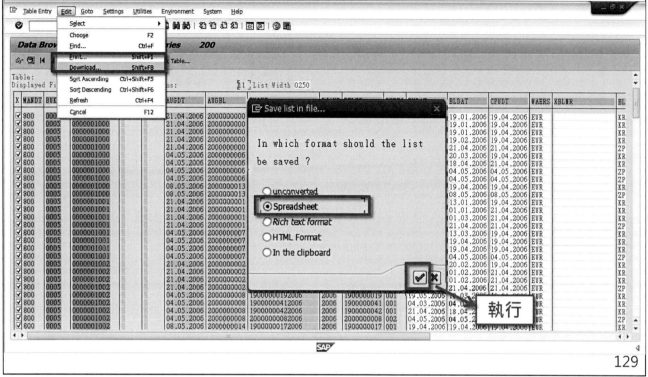

檔案名稱要存成 .xls 格式的檔,即可以在
Excel上打開此檔

T_CODE
下載:
SE16

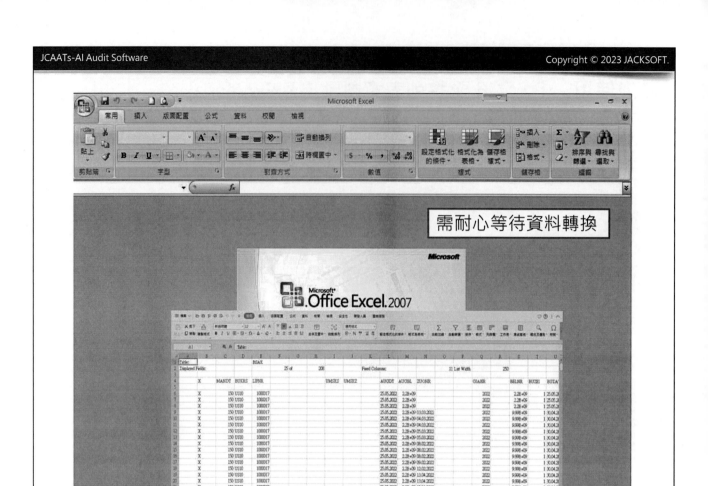

需耐心等待資料轉換

jacksoft | AI Audit Expert
www.jacksoft.com.tw

JCAATs
SAP ERP 稽核
資料倉儲解決方案

Copyright © 2023 JACKSOFT.

SAP ERP 電腦稽核現況與挑戰

- 查核項目之評估判斷
- 大量的系統畫面檢核與報表分析
- SAP資料庫之資料表數量龐大且關係複雜

海量資料
快速分析

- 資料庫權限控管問題
- 可能需下載大量記錄資料
- SAP系統效能的考量

133

稽核資料倉儲
--提高各單位生產力與加快營運知識累積與發揮價值

- 依據國際IIA 與 AuditNet 的調查，分析人員進行電腦資料分析與檢核最大的瓶頸來至於資料萃取，而營運分析資料倉儲建立即可以解決此問題，使分析部門快速的進入到持續性監控的運作環境。

- 營運分析資料倉儲技術已廣為使用於現代化的企業，其提供營運分析部門將所需要查核的相關資料進行整合，提供營運分析人員可以獨立自主且快速而準確的進行資料分析能力。

- 可減少資料下載等待時間、資料管理更安全、分析與檢核底稿更方便分享、24小時持續性監控效能更高。

134

建構稽核資料倉儲優點

	特性	建構稽核資料倉儲優點	未建構缺點
1	資訊安全管理	區別資料與查核程式於不同平台資訊安全管理較嚴謹與方便	混合查核程式與資料，資訊安全管理較複雜與困難
2	磁碟空間規劃	磁碟空間規劃與管理較方便與彈性	較難管理與預測磁碟空間需求
3	異質性資料	因已事先處理，稽核人員看到的是統一的資料格式，無異質性的困擾	稽核人員需對異質性資料處理，有技術性難度
4	資料統一性	不同的稽核程式，可以方便共用同一稽核資料	稽核資料會因不同分析程式需要而重複下載
5	資料等待時間	可事先處理資料，無資料等待問題	需特別設計
6	資料新增週期	動態資料新增彈性大	需特別設計
7	資料生命週期	可以設定資料生命週期，符合資料治理	需要特別設計
8	Email通知	可自動email 通知資料下載執行結果	需人工自行檢查
9	Window統一檔案權限管理	由Window作業系統統一檔案的權限管理，資訊單位可以透過AD有效確保檔案安全	資料檔案分散於各機器，管理較困難，或需購買額外設備管理

135

持續性稽核規劃架構

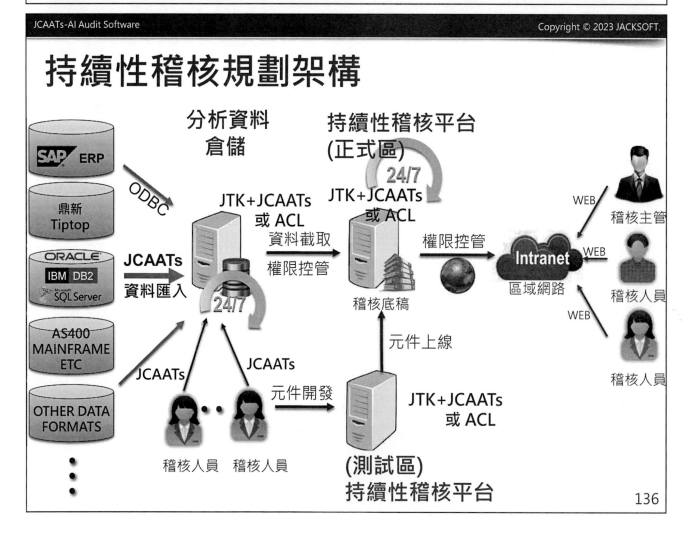

136

JCAATs
-SAP ERP資料
連結器資料下載

Copyright © 2023 JACKSOFT.

137

JCAATs SAP ERP資料連結器
匯入步驟說明:

一.JCAATs 專業版加購SAP ERP 資料連結器模組

二.JCAATs SAP ERP 資料連結器特色說明

三.如何快速進行SAP ERP資料下載步驟說明

(一)開啟JCAATs AI稽核軟體專案

(二)新增JCAATs 專案資料表

(三)啟動匯入精靈

  1) JCAATs SAP ERP 資料連結器設定

  2) 依通用稽核字典進行欄位檢索,選取查核標的

  3) JCAATs SAP ERP連結器使用介面

  4) JCAATs SAP ERP連結器資料匯入結果畫面

138

SAP ERP 資料萃取特色比較

特色比較	SAP ERP 資料連結器	TCODE
智慧化查詢	多樣化查詢條件（可依表格名稱、描述、欄位名稱、欄位描述查詢）模組化查詢（依SAP連結器）預覽查詢結果	僅能輸入表格名稱查詢 僅能由SAP畫面表單欄位回查表格，無法模組查詢
便利化使用	資料下載匯入步驟簡易，只需點選下載按鈕，只需一步驟即可完成JCAATs資料下載與匯入	資料下載匯入步驟繁瑣：(1)下載為Excel檔、(2)去除Excel表頭資訊、(3)定義資料欄位格式匯入JCAATs
資料下載量	資料下載透過SAP ABAP程式 RFC 接口方式來下載資料，相關下載資料大小限制，由SAP ERP Server來限制	即使新Excel版本可高達1,048,576筆資料，當處理大數據時仍會出現開啟和執行上的困難

139

SAP ERP 資料萃取特性比較

特色比較	SAP ERP 資料連結器	TCODE
效能提升性	傳統遠程訪問中，效能瓶頸可能會對應用程序造成災難性的影響，SAP ERP資料連結器透過智能快取和SAP RFC技術大大提升效能。	採平等優先權處理，造成系統因資源不足而效能降低。
獨立性	獨立於SAP系統，資料表格上的欄位可下載並匯入JCAATs。	屬於SAP功能之一，且可藉由撰寫程式隱藏資料欄位，獨立性無法確保。

140

一、於專案中新增資料表

二、JCAATs SAP ERP 資料連接器設定

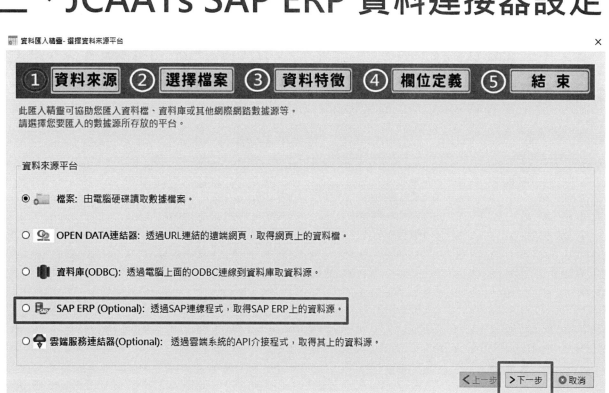

三、依通用稽核字典進行欄位檢索，選取查核標的

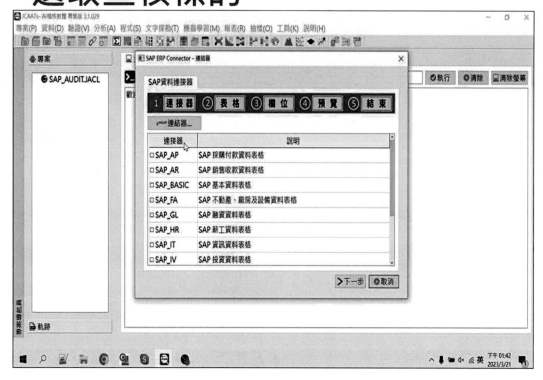

提供通用的SAP稽核字典，方便進行資料欄位檢索，找出你需要的查核標的

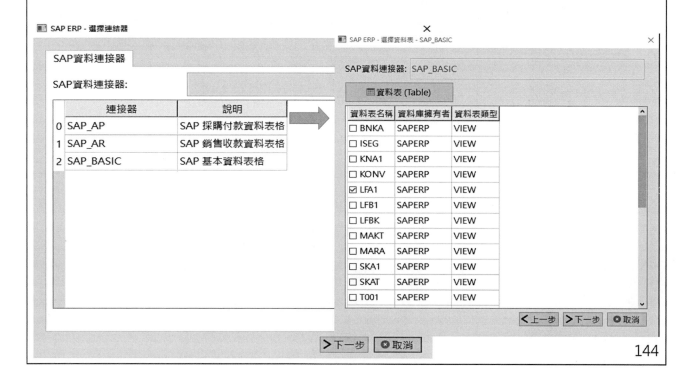

JCAATs SAP ERP 連接器使用介面

■ 透過更新進技術
的開發，讓使用
者擁有第一等級
的資料庫連結的
介面，讓您你可
以直接查看相關
常用欄位....

1.選擇資料表格

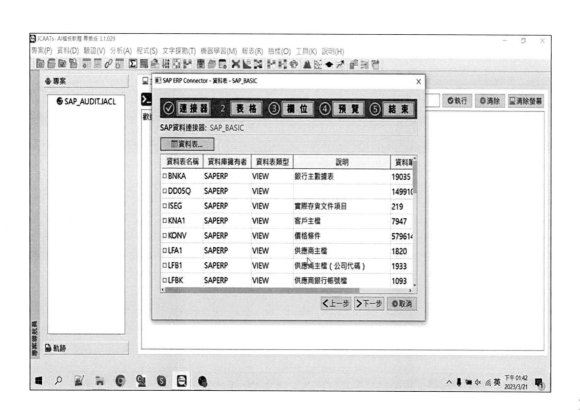

2.選擇欄位

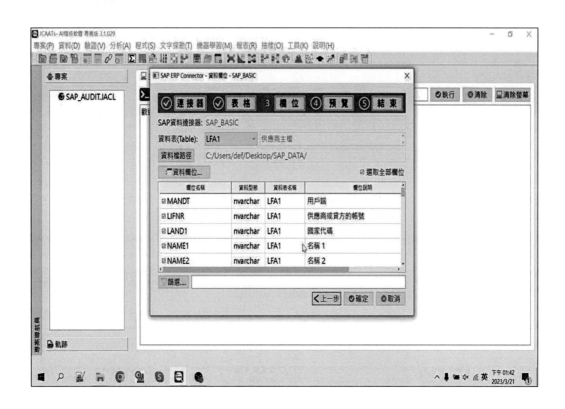

3.篩選下載資料條件設定:

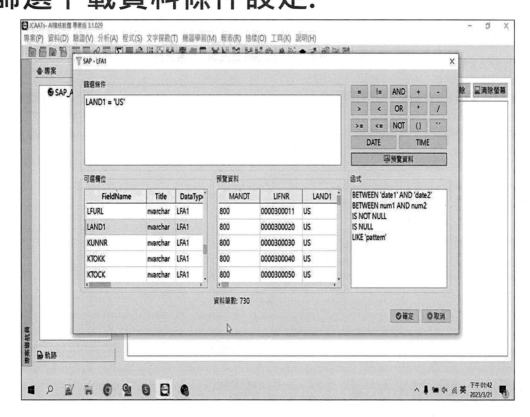

4.完成篩選資料條件設定:

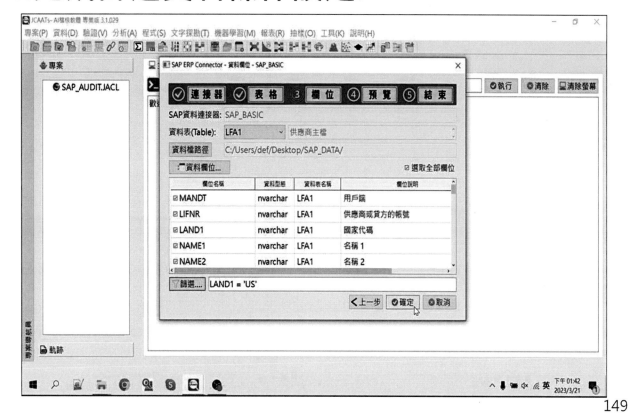

四.JCAATs SAP ERP連接器資料匯入結果

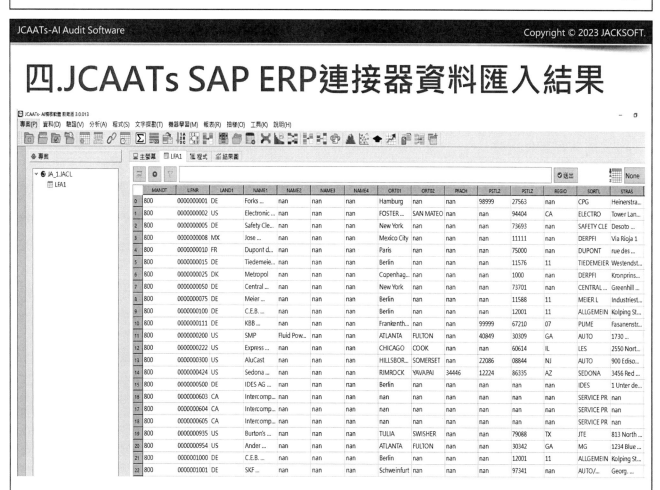

JTK 持續性電腦稽核管理平台

📢 **超過百家**客戶口碑肯定 持續性稽核**第一品牌**

無逢接軌 AI 智慧稽核新作業環境

透過最新 AI 智能大數據資料分析引擎，進行持續性稽核 (Continuous Auditing) 與持續性監控 (Continuous Monitoring) 提升組織韌性，協助成功數位轉型，提升公司治理成效。

📁 海量資料分析引擎

利用CAATs不限檔案容量與強大的資料處理效能，確保100%的查核涵蓋率。

🔒 資訊安全 高度防護

加密式資料傳遞、資料遮罩、浮水印等資安防護，個資有保障，系統更安全。

🔭 多維度查詢稽核底稿

可依稽核時間、作業循環、專案名稱、分類查詢等角度查詢稽核底稿。

📊 多樣圖表 靈活運用

可依查核作業特性，適性選擇多樣角度，對底稿資料進行個別分析或統計分析。151

JTK 持續性電腦稽核管理平台

開發稽核自動化元件　　　經濟部發明專利第 I 380230號　　　**稽核結果E-mail 通知**

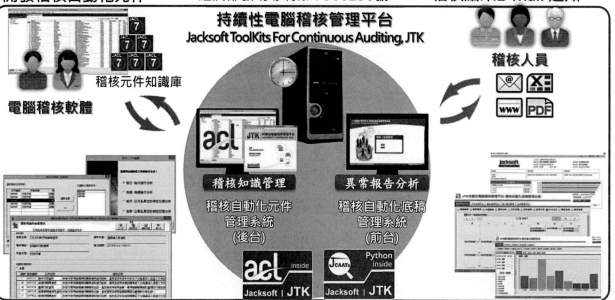

稽核自動化元件管理　　　　　　　　　　　　**稽核自動化底稿管理與分享**

■稽核自動化：電腦稽核主機
一天24小時一周七天的為我們工作。

JTK | Jacksoft ToolKits For Continuous Auditing
The continuous auditing platform

152

AI智慧化稽核流程

~透過最新AI稽核技術建構內控三道防線的有效防禦，協助內部稽核由事後稽核走向事前稽核~

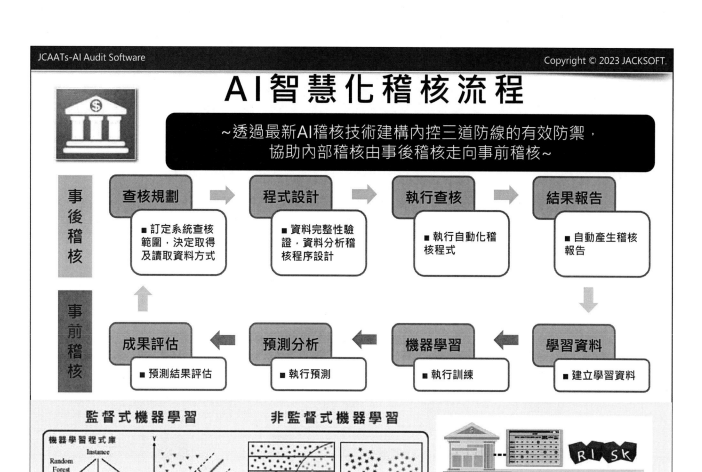

JTK持續性稽核平台儀表板

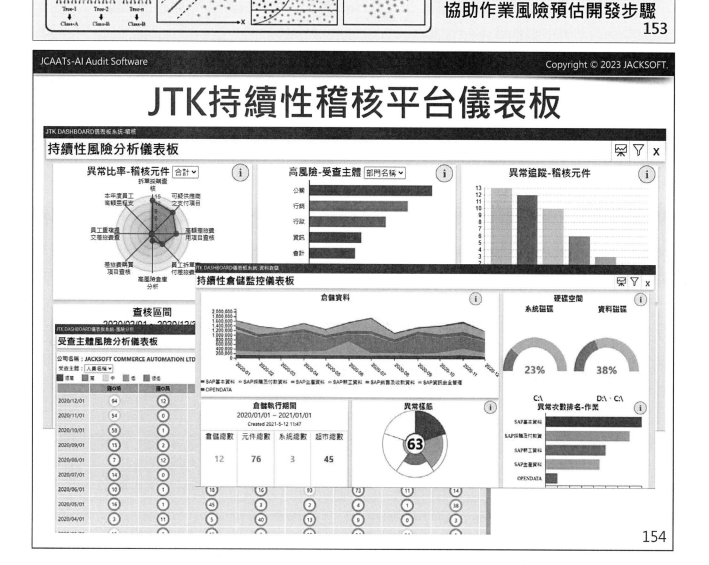

資料字典-以SAP ERP系統為例

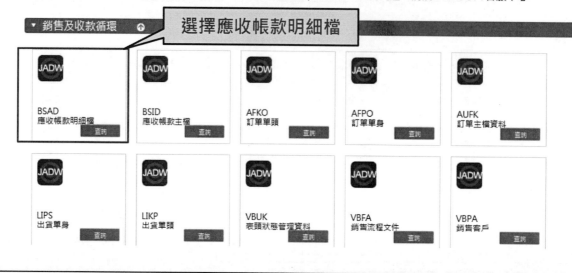

Audit Data Warehouse JTK持續性電腦稽核管理平台- 稽核資料倉儲系統

SAP ERP-資料字典

稽核資料倉儲提供稽核部門將所需要查核的相關資料進行整合，解決稽核人員進行電腦稽核最大的瓶頸-資料萃取問題，提供稽核人員可以獨立自主且快速而準確的進行資料分析，快速的進入到持續性稽核的運作環境。

※請安裝至JTK持續性電腦稽核管理平台（含ACL電腦稽核軟體）中執行，如有問題，請洽JACKSOFT客服中心

▼ 銷售及收款循環 ↑ 選擇應收帳款明細檔

JADW BSAD 應收帳款明細檔 查詢	JADW BSID 應收帳款主檔 查詢	JADW AFKO 訂單單頭 查詢	JADW AFPO 訂單單身 查詢	JADW AUFK 訂單主檔資料 查詢
JADW LIPS 出貨單身 查詢	JADW LIKP 出貨單頭 查詢	JADW VBUK 表頭狀態管理資料 查詢	JADW VBFA 銷售流程文件 查詢	JADW VBPA 銷售客戶 查詢

資料字典-以SAP ERP系統為例

銷售及收款循環- 資料表清單　　　資料表數：12

序號	資料表名稱	中文說明	循環名稱	系統別
1	BSAD	應收帳款明細檔	銷售及收款循環	SAP
2	BSID	應收帳款主檔	銷售及收款循環	SAP
3	AFKO	訂單單頭	銷售及收款循環	SAP
4	AFPO	訂單單身	銷售及收款循環	SAP
5	AUFK	訂單主檔資料	銷售及收款循環	SAP

⬆BSAD 應收帳款明細檔:資料表說明

序號	欄位名稱	欄位說明	型態	欄位長度	KEY	備註
1	MANDT	用戶端	CHAR		✓	
2	BUKRS	公司代碼	CHAR		✓	
3	KUNNR	客戶編號	CHAR		✓	
4	BUDAT	發票日期	DATETIME			
5	AUFNR	訂單號碼	CHAR		✓	
6	UMSKS	特殊總帳交易類型	CHAR		✓	

資料表欄位說明

SAP ERP持續性稽核APP

服務特色　稽核範本　稽核APP　解決方案　平台特色　申請試用　DM下載　**市場調查**

正式版登入　申請試用

SAP ERP持續性稽核APP

持續性稽核APP強調可以持續性的使用稽核程式對企業內的海量資料進行分析，找出異常的狀況，並將這些異常狀況可以和企業的GRC或是稽核報告管理系統整合，提供稽核人員可以快速的透過內部控制管理架構進行風險分析。

※請安裝至JTK持續性電腦稽核管理平台（含ACL電腦稽核軟體）中執行，如有問題，請洽JACKSOFT客服中心

熱門推薦

有付款交易之FCPA可疑供應商查核　　未經授權供應商資料異動查核　　客戶信用額度查核　　員工兼供應商之查核　　資本支出異常事項查核

前往購買　前往購買　前往購買　前往購買　前往購買

▼ 銷售及收款循環

 hot!

資料來源:http://jgrc.bizai.org/continuous_audit.php

157

電腦稽核軟體應用學習Road Map

資安科技　　永續發展　　稽核法遵

國際網際網路稽核師　國際資料庫電腦稽核師　國際ESG電腦稽核師　國際ERP電腦稽核師　國際鑑識會計稽核師

國際電腦稽核軟體應用師

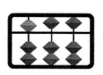

158

專業級證照- ICCP

國際電腦稽核軟體應用師(專業級)
International Certified CAATs Practitioner

 CAATs
-Computer-Assisted Audit Technique

強調在電腦稽核輔助工具使用的職能建立

職能	說明
目的	證明稽核人員有使用電腦稽核軟體工具的專業能力。
學科	電腦審計、個人電腦應用
術科	CAATs 工具

CAATTs and Other BEASTs for Auditors
by David G. Coderre

159

歡迎加入 法遵科技 Line 群組
~免費取得更多電腦稽核應用學習資訊~

法遵科技知識群組

有任何問題,歡迎洽詢 JACKSOFT
將會有專人為您服務
官方Line:@709hvurz

「法遵科技」與「電腦稽核」專家

傑克商業自動化股份有限公司　台北市大同區長安西路180號3F之2(基泰商業大樓) 知識網:www.acl.com.tw
TEL:(02)2555-7886　FAX:(02)2555-5426　E-mail:acl@jacksoft.com.tw

JACKSOFT為經濟部能量登錄電腦稽核與GRC(治理、風險管理與法規遵循)專業輔導機構,服務品質有保障

160

參考文獻

1. 黃秀鳳，2023，JCAATs 資料分析與智能稽核，ISBN9789869895996

2. 黃士銘，2022，ACL 資料分析與電腦稽核教戰手冊(第八版)，全華圖書股份有限公司出版，ISBN 9786263281691.

3. 黃士銘、嚴紀中、阮金聲等著(2013)，電腦稽核－理論與實務應用(第二版)，全華科技圖書股份有限公司出版。

4. 黃士銘、黃秀鳳、周玲儀，2013，海量資料時代，稽核資料倉儲建立與應用新挑戰，會計研究月刊，第 337 期，124-129 頁。

5. 黃士銘、周玲儀、黃秀鳳，2013，"稽核自動化的發展趨勢"，會計研究月刊，第 326 期。

6. 黃秀鳳，2011，JOIN 資料比對分析-查核未授權之假交易分析活動報導，稽核自動化第 013 期，ISSN:2075-0315。

7. 黃士銘、黃秀鳳、周玲儀，2012，最新文字探勘技術於稽核上的應用，會計研究月刊，第 323 期，112-119 頁。

8. IIA，2021 年，"2021 INTERNATIONAL CONFERENCE"

9. ICAEA，2022 年，"國際電腦稽核教育協會線上學習資源"
https://www.icaea.net/English/Training/CAATs_Courses_Free_JCAATs.php

10. AICPA，2015 年，"Audit Data Standards"
https://us.aicpa.org/interestareas/frc/assuranceadvisoryservices/auditdatastandards

11. Galvanize，2021 年，"Death of the tick mark"
https://www.wegalvanize.com/assets/ebook-death-of-tickmark.pdf

12. 商業週刊，2019 年，"同時有這 2 個指標，做假帳機率高達 9 成！知名會計師：6 個假帳在財報上常見特徵"
https://www.businessweekly.com.tw/business/blog/26457

13. Galvanize，2019 年，"7-steps-performance-enhancing ERM"
https://www.wegalvanize.com/assets/ebook-7-steps-performance-enhancing-erm.pdf?mkt_tok=NDk3LVJYRS0wMjkAAAF8_QqMmBDzOnU6lkn-lue3HMw67IYaoHvD6gaAm7-fr4ZqSwv3ITJnQ5V9FcL75SU9K2P3l1e-JaLMPrVwLfDwg53p1js8vIPSgBIERVQHLgM

14. 新頭殼 newtalk，2012 年，"大環境惡化 工總：經濟成長難保 2%"
https://tw.news.yahoo.com/%E5%A4%A7%E7%92%B0%E5%A2%83%E6%83%A1%E5%8C%96-%E5%B7%A5%E7%B8%BD-%E7%B6%93%E6%BF%9F%E6%88%90%E9%95%B7%E9%9B%A3%E4%BF%9D2-084534791.html

15. 今周刊，2011 年，755 期，"王振堂鐵腕整頓宏碁稽核系統"
https://www.businesstoday.com.tw/article-content-80392-2915

16. Kknew，2018 年，"加強應收帳款內部控制的方法與對策"
https://kknews.cc/career/nbxko3g.html

17. 連啟泰老師的數位教材，2006 年，"博達事件的過程"
http://120.105.184.250/ctlien/%E6%8A%95%E8%B3%87%E7%AE%A1%E7%90%86%E7%A0%94%E8%A8%8E/%E5%8D%9A%E9%81%94%E6%8F%E7%A9%BA%E6%A1%88.pdf

18. MBA 智庫百科，中國內部審計協會，"內部審計具體準則第 15 號-分析性覆校"
https://wiki.mbalib.com/wiki/%E3%80%8A%E5%86%85%E9%83%A8%E5%AE%A1%E8%AE%A1%E5%85%B7%E4%BD%93%E5%87%86%E5%88%99%E7%AC%AC15%E5%8F%B7-%E5%88%86%E6%9E%90%E6%80%A7%E5%A4%8D%E6%A0%B8%E3%80%8B

19. Python，
https://www.python.org/

20. Galvanize，
https://www.wegalvanize.com/

21. 工商時報，2023 年，"近 5 年成長 1.3 倍 去年電子發票消費額 8.1 兆"
https://ctee.com.tw/news/policy/830860.html

22. Jacksoft，2022 年，"Jacksoft 電腦稽核軟體專家-AI Audit Software 人工智慧新稽核-JCAATs"
https://youtu.be/1BGCsXjPN6w

23. iT 邦幫忙，2022 年，"[Day9]不平衡資料(Imbalanced data)"
https://ithelp.ithome.com.tw/articles/10294614

24. SlidePlayer，2019 年，"R 軟體統計分析 常態分配與次數分配表 統計推論與各種檢定 羅吉斯迴歸和決策樹 4 2 3 1 迴歸分析和變異數分析"
https://slidesplayer.com/slide/14132155/

25. Integration Learn，2022 年，"SD Table"
https://integrationlearn.com/sap-sd/sd-table/

26. 傑克商業自動化股份有限公司，"SAP ERP 持續性稽核 APP"
http://jgrc.bizai.org/continuous_audit.php

作者簡介

黃秀鳳 Sherry

現　　任

傑克商業自動化股份有限公司 總經理

ICAEA 國際電腦稽核教育協會 台灣分會 會長

台灣研發經理管理人協會 秘書長

專業認證

國際 ERP 電腦稽核師(CEAP)

國際鑑識會計稽核師(CFAP)

國際內部稽核師(CIA) 全國第三名

中華民國內部稽核師

國際內控自評師(CCSA)

ISO 14067:2018 碳足跡標準主導稽核員

ISO27001 資訊安全主導稽核員

ICEAE 國際電腦稽核教育協會認證講師

ACL Certified Trainer

ACL 稽核分析師(ACDA)

學　　歷

大同大學事業經營研究所碩士

主要經歷

超過 500 家企業電腦稽核或資訊專案導入經驗

中華民國內部稽核協會常務理事/專業發展委員會 主任委員

傑克公司 副總經理/專案經理

耐斯集團子公司 會計處長

光寶集團子公司 稽核副理

安侯建業會計師事務所 高等審計員

國家圖書館出版品預行編目(CIP)資料

運用 AI 人工智慧協助 SAP ERP 銷售資料分析性複核
實例演練 / 黃秀鳳作. -- 1 版. -- 臺北市 :
傑克商業自動化股份有限公司, 2023.06
　　面 ; 　公分. -- (國際電腦稽核教育協會認
證教材)(AI 稽核軟體實務個案演練系列)
　　ISBN 978-626-97151-3-8(平裝附光碟片)

　　1.CST: 稽核 2.CST: 管理資訊系統 3.CST: 人
工智慧

494.28   112009473

運用 AI 人工智慧協助 SAP ERP 銷售資料分析性複核實例演練

作者 / 黃秀鳳
發行人 / 黃秀鳳
出版機關 / 傑克商業自動化股份有限公司
地址 / 台北市大同區長安西路 180 號 3 樓之 2
電話 / (02)2555-7886
網址 / www.jacksoft.com.tw
出版年月 / 2023 年 06 月
版次 / 1 版
ISBN / 978-626-97151-3-8